工程建设项目安全管理标准化手册

（热力及综合智慧能源部分）

国家电投集团河南电力有限公司
平顶山热力集团有限公司

中国电力出版社
CHINA ELECTRIC POWER PRESS

内容提要

本手册借鉴了国家电力投资集团有限公司陆上风电、光伏等领域工程建设项目安全管理经验和良好实践，旨在为从事热力（含综合智慧能源）工程建设项目安全管理工作的人员提供参考和指导。本手册主要包括招标阶段的安全管理、施工准备与开工阶段的安全管理、施工作业安全标准化管理、风险分级管控与隐患排查治理、生态环保管理、安全生产投入管理、应急管理、事故事件管理及验收、试运行安全管理等方面内容，具有较强的可操作性和指导意义。

图书在版编目（CIP）数据

工程建设项目安全管理标准化手册．热力及综合智慧能源部分／国家电投集团河南电力有限公司，平顶山热力集团有限公司编．—北京：中国电力出版社，2022.12

ISBN 978-7-5198-7395-0

Ⅰ．①工…　Ⅱ．①国…②平…　Ⅲ．①电力工程－工程施工－安全管理－标准化－中国－手册　Ⅳ．①TM08-65

中国版本图书馆CIP数据核字（2022）第243166号

出版发行：中国电力出版社
地　　址：北京市东城区北京站西街19号（邮政编码100005）
网　　址：http://www.cepp.sgcc.com.cn
责任编辑：赵鸣志　马雪倩
责任校对：黄　蓓　朱丽芳
装帧设计：王红柳
责任印制：吴　迪

印　　刷：三河市万龙印装有限公司
版　　次：2022年12月第一版
印　　次：2022年12月北京第一次印刷
开　　本：787毫米×1092毫米　16开本
印　　张：6.75
字　　数：166千字
印　　数：0001—1000册
定　　价：68.00元

《工程建设项目安全管理标准化手册(热力及综合智慧能源部分)》

编审委员会

前　　言

为规范国家电投集团河南电力有限公司（以下简称“河南公司”）热力（含综合智慧能源）工程建设项目安全管理，大力推动热力、综合智慧能源高质量可持续发展，持续为经济社会发展提供清洁的能源保障，助力“2035一流战略”目标和清洁能源发展战略落地，根据国家和行业相关法律标准，借鉴集团公司陆上风电、光伏等领域工程建设项目安全管理经验和良好实践，编制了本手册。

本手册依据国家标准和电力、消防、道路、职业卫生等行业标准，以及国家电力投资集团公司有关规章制度，结合热力企业工程建设项目的安全生产标准化建设实际进行编制。手册共12部分，主要内容包括：目的及适用范围、规范性引用文件、术语和定义、招标阶段安全管理、施工准备与开工许可阶段安全管理、施工作业安全标准化管理、风险分级管控与隐患排查治理、生态环保管理、安全生产投入管理、应急管理，事故事件管理、验收/调试与投产安全管理。

本手册是在深入调研河南公司热力建设工程项目安全管理现状的基础上，广泛征求意见，并对手册内容进行反复讨论和修改，力求具有较强的可操作性和指导意义。结合三级单位部分建设工程项目进行试点，不断发现问题并做到持续改进。本手册在使用过程中，除应符合本手册标准部分外，尚应符合国家法律法规及其他相关标准的规定。

本手册由国家电投集团河南电力有限公司安全质量环保监察部负责解释。

编　者

2022.12

目　　录

前言

1　目的及适用范围 …… 1

2　规范性引用文件 …… 2

3　术语和定义 …… 4

4　招标阶段安全管理 …… 5

4.1　招标文件 …… 5
4.2　评标阶段安全条件审查 …… 6

5　施工准备与开工许可阶段安全管理 …… 7

5.1　施工准备阶段 …… 7
5.2　开工许可阶段 …… 10

6　施工作业安全标准化管理 …… 15

6.1　作业人员 …… 15
6.2　施工作业过程 …… 17
6.3　职业健康管理 …… 62
6.4　安全档案资料管理 …… 65

7　风险分级管控与隐患排查治理 …… 69

7.1　风险分级管控 …… 69
7.2　隐患排查治理 …… 74

8　生态环保管理 …… 77

8.1　生态环保 …… 77
8.2　文物保护 …… 78

9　安全生产投入管理 …… 80

9.1　安全生产投入要求 …… 80
9.2　安全生产投入范围 …… 80

10 应急管理 …………………………………………………………… 89

10.1 应急管理体系及组织机构 ……………………………………… 89
10.2 应急物资 ………………………………………………………… 90
10.3 应急处置及救援 ………………………………………………… 91

11 事故事件管理 ……………………………………………………… 93

11.1 事故事件报告 …………………………………………………… 93
11.2 事故事件调查处理 ……………………………………………… 93

12 验收、试运行安全管理 …………………………………………… 95

12.1 验收管理 ………………………………………………………… 95
12.2 试运行管理 ……………………………………………………… 97
12.3 尾工及退场管理 ………………………………………………… 100

1 目的及适用范围

为贯彻国家和行业有关工程建设项目安全管理的法律法规及标准，严格落实国家电力投资集团有限公司安全管理要求，进一步推进河南公司热力（含综合智慧能源）建设工程项目安全管理的标准化、规范化，切实做好项目安全管理工作，提升安全管理水平，特制定本手册。

本手册用于指导河南公司热力新（扩）建工程项目（含综合智慧能源）建设过程安全管理。

2 规范性引用文件

2.1　本手册引用的规范性文件

《中华人民共和国安全生产法》(2021 修订版)

《中华人民共和国文物保护法》

《中华人民共和国环境保护税法》

《中华人民共和国文物保护法实施条例》(中华人民共和国国务院令第 377 号)

《建设工程安全生产管理条例》(国务院令第 393 号)

《建筑施工企业安全生产管理机构设置及专职安全生产管理人员配备办法》(建质〔2008〕91 号)

《关于铁路、公路、水运、水利、能源、机场工程建设工程项目参加工伤保险工作的通知》(人社发〔2018〕3 号)

《河南省环境保护条例》

《危险性较大的分部分项工程安全管理规定》(住建部〔2018〕37 号令)

《企业安全生产费用提取和使用管理办法》(财企〔2012〕16 号)

《电力建设工程施工安全监督管理办法》(国家发展和改革委员会令第 28 号)

GB/T 50326—2017《建设工程项目管理规范》

GB/T 50358—2018《建设工程项目工程总承包管理规范》

CJJ 28—2014《城镇供热管网工程施工及验收规范》

CJJ 88—2014《城镇供热系统运行维护技术规程》

NB/T 10096—2018《电力建设工程施工安全管理导则》

《国家电投集团河南电力有限公司承包商安全管理办法》

GB/T 33000—2016《企业安全生产标准化基本规范》

2.2　热力(含综合智慧能源)建设工程项目适用的标准规范

热力(含综合智慧能源)建设工程项目适用的标准规范，详见表 2-1。

表 2-1　　热力建设工程项目适用的主要标准规范

序号	标准名称	标准号
1	河南省居住建筑节能设计标准	DBJ41/T 184—2017
2	城镇供热管网设计规范	CJJ 34—2022
3	城镇供热直埋热水管道技术规程	CJJ/T 81—2013
4	城镇供热管网工程施工及验收规范	CJJ 28—2014
5	供热计量技术规程	JGJ 173—2009
6	民用建筑供暖通风与空气调节设计规范	GB 50736—2012
7	现场设备、工业管道焊接工程施工及验收规范	GB 50236—2011
8	输送流体用无缝钢管	GB/T 8163—2018
9	工业设备及管道绝热工程设计规范	GB 50264—2013

续表

序号	标准名称	标准号
10	工业安装工程施工质量验收统一标准	GB 50252—2018
11	工业设备及管道绝热工程施工规范	GB 50126—2008
12	工业设备及管道绝热工程施工质量检验标准	GB/T 50185—2019
13	工业建筑供暖通风与空气调节设计规范	GB 50019—2015
14	设备及管道绝热技术通则	GB/T 4272—2008
15	建筑设计防火规范	GB 50016—2018
16	建筑采光设计标准	GB/T 50033—2013
17	公共建筑节能设计标准	GB 50189—2015
18	建筑地面设计规范	GB 50037—2013
19	民用建筑设计统一标准	GB 50352—2019
20	建筑结构可靠度设计统一标准	GB 50068—2018
21	建筑结构载荷规范	GB 50009—2012
22	混凝土结构设计规范	GB 50010—2010
23	建筑抗震设计规范	GB 50011—2010
24	建筑物抗震设防分类标准	GB 50223—2008
25	建筑地基基础设计规范	GB 50007—2011
26	工业建筑防腐设规范	GB/T 50046—2018
27	建筑物防雷设计规范	GB 50057—2010
28	工业企业照明设计规范	GB 50034—2013
29	建筑灭火器配置设计规范	GB 50140—2005
30	建筑给水排水设计规范	GB 50015—2019
31	地下工程防水技术规范	GB 50108—2008
32	建筑工程建筑面积计算规范	GB/T 50353—2013
33	电气装置安装工程电气设备交接试验标准	GB 50150—2016
34	城镇给水排水技术规范	GB 50788—2012
35	建筑给水排水设计规范	GB 50015—2019
36	建筑设计防火规范	GB 50016—2014
37	城市道路工程技术规范	GB 51286—2018
38	城市道路工程设计规范	CJJ 37—2012
39	城镇道路工程施工与质量验收规范	CJJ 1—2008
40	城市道路路基设计规范	CJJ 194—2013
41	城镇道路路面设计规范	CJJ 169—2012
42	城市道路交通标志和标线设置规范	GB 51038—2015
43	园林绿化工程施工及验收规范	CJJ 80—2012
44	长输供热热水管网技术标准	CJJ/T 34—2022
45	钢桁架质量标准	JG/T 8—1999

3 术语和定义

3.1 建设工程项目

建设工程项目指为完成依法立项的新建、改建、扩建工程而进行的、有起止日期的、达到规定要求的一组相互关联的受控活动，包括勘察、设计、采购、施工、试运行、竣工验收和考核评价等阶段，简称项目。

3.2 工程总承包

工程总承包指依据合同约定对建设工程项目的设计、采购、施工和试运行实行全过程或若干阶段的承包。

3.3 发包方

发包方指发包项目和外委作业并直接签订合同、支付费用的单位（公司）。在实行总承包方式下，也可指总承包单位。

3.4 承包商

承包工程建设、技术改造工程施工、产品生产、技术服务、运行服务、设备安装调试、检修和维修等工作，包括设备、设施、建筑物、构筑物的勘察、设计、土建、安装、防腐、保温、检修、维护和修缮以及保洁、交通、物业管理、餐饮服务等通过合同关系，承担发包方发包项目的单位。按承包方式分为工程总承包、施工总承包、专业工程承包；按合同规定的服务时间分为临时性承包商（1个月以内）、短期承包商（1个月至6个月）、中期承包商（6个月至1年）和长期承包商（1年以上）。

3.5 项目负责人（项目经理）

项目负责人（项目经理）指组织法定代表人在建设工程项目上的授权委托人。

4 招标阶段安全管理

4.1 招 标 文 件

4.1.1 基本要求

（1）建设单位应在招标文件中明确承包商及主要人员的资质、安全生产保障条件、安全生产费用、安全措施及文明生产等安全管理要求，设置安全生产“一票否决”项，并在评标办法中合理确定技术评分中的安全分占比或者将安全评分单列。

（2）对规模较大、技术较复杂或含有危大工程的发包项目，建设单位应编制招标文件安全专篇。招标文件安全专篇应包括但不限于以下内容：

1）承包商的企业资质、安全资质。

2）发包项目安全目标、双方安全责任、安全生产费用、安全教育培训、隐患排查、反违章、经验反馈、应急管理、事故事件、考核评价等管理要求。

3）发包项目安全管理机构与人员配备标准、项目管理人员资质能力，特种作业人员、从业人员资质及年龄，作业人员安全保障措施等。临时或短期用工人员无法参加工伤保险或安全生产责任保险的，应购买人身意外险。

4）发包项目危害辨识与风险评估（风险数据库）、高风险作业项目和安全文明施工（安全目视化管理）管理要求。

（3）建设单位应当组织勘察、设计等单位在施工招标文件中列出危大工程清单，要求施工单位在投标时补充完善危大工程清单并明确相应的安全管理措施。

（4）建设单位应当在招标文件中明确要求承包商对集团公司 HSE 管理工具的运用要求。

4.1.2 资质业绩要求

1. 工程施工企业

（1）施工总承包企业应具备“市政公用工程施工总承包一级资质”。

（2）分包进场道路等建筑工程的工程分包商，必须具备“市政公用工程三级或公路工程三级及以上资质”。

（3）分包建筑工程的分包商，必须具备“房屋建筑工程施工总承包企业三级及以上资质”或具备相应等级的建筑专业施工承包资质。

（4）从事电气安装作业企业应具备“电力工程施工”总承包资质或“机电安装工程”专业承包资质。

（5）劳务分包商必须具备相关专业“承包企业三级及以上资质”或“建筑业劳务分包企业资质”。

（6）工程施工分包商应具有有效的安全生产许可证；近18个月内不存在较大及以上生产安全责任事故；具有近5年内完成至少2个同类型同等级或同规模及以上的工程业绩。

（7）项目经理必须具有相应等级的注册建造师执业资格且具有安全生产考核合格证书（B证），具有类似工程施工管理经验；项目安全管理人员应具有有效的安全资格证书；特种作业人员、特种设备操作人员应具有有效的特种作业资格证书。

（8）爆破作业单位应向公安机关申请领取《爆破作业单位许可证》后从事爆破作业活动。

2. 工程勘察设计企业

（1）具有国家规定对应等级的勘察设计资质。

（2）近18个月内不存在较大及以上生产安全责任事故。

（3）具有近5年内完成至少2个同类型同等级或同规模及以上的工程业绩。

（4）项目经理必须具有相应等级的注册类执业资格，具有类似工程管理经验。

3. 工程监理企业

（1）应具有国家规定对应等级的工程监理资质。

（2）近18个月内不存在较大及以上生产安全责任事故；具有近5年内完成至少2个同类型同等级或同规模及以上的工程业绩。

（3）项目总监理工程师应具有注册监理工程师执业资格；安全监理工程师（包括安全总监）应具有注册安全工程师资格证或有效的安全资格证书，同时应有类似工程监理经验。

4. 总承包企业

（1）具备相应等级的设计资质或施工总承包资质，以设计单位为主承担的工程总承包，其工程的施工应当由具有市政公用工程相应资质的企业承担并具有有效的安全生产许可证。

（2）近18个月内不存在较大及以上生产安全责任事故。

（3）具有近5年内完成至少2个同类型同等级或同规模及以上的工程业绩。

（4）项目经理必须取得工程建设类注册执业资格或高级专业技术职称，且持有安全生产考核合格证书（B证），具有类似工程管理经验项目安全管理人员应提供有效的安全资格证书。

5. 联合体

投标联合体除应满足相应企业资质外，还需要提供共同投标协议（即联合体协议）。

4.2 评标阶段安全条件审查

（1）在评标过程中，应对承包商资质、风险承担能力、安全投入情况，以及安全、技术组织机构及管理体系、生产技术管理人员进行审核；严禁承包商超经营范围、超能力承揽项目；安全生产费用不得列入投标竞争性报价。

（2）进入国家电力投资集团有限公司（以下简称“集团公司”）及所属二级单位、项目属地政府监管部门安全管理“黑名单”的单位和人员，不具有参与投标资格。

（3）同等条件下，优先采用安全业绩良好、履约能力强的承包商。

5　施工准备与开工许可阶段安全管理

5.1　施工准备阶段

（1）各参建单位应根据本企业及建设工程项目实际情况，成立安全管理机构。

建设工程项目有三个及以上施工单位、建设工地施工人员总数超过100人或建设工期超过180天的，建设单位必须组建安委会，作为安全生产工作的领导机构，其他情况应成立安全生产领导小组。

（2）各参建单位应建立以主要负责人为核心的安全生产保证体系，保障安全生产的人员、物资、费用、技术等资源落实到位，各级人员应具备相应的任职资格和能力。

（3）各参建单位应按国家相关规定建立健全安全生产监督网络，设立安全生产监督管理机构，配备专职安全生产管理人员，进行教育培训并持证上岗。

（4）承包商应当按照合同约定，保证人员投入，未经发包方书面同意，项目负责人、技术负责人、安全负责人、质量负责人等主要人员不得擅自变更。

（5）各参建单位应按照“党政同责、一岗双责、齐抓共管、失职追责”“管生产经营必须管安全”和“管业务必须管安全”的原则，建立健全以各级主要负责人为安全第一责任人的全员安全生产责任制；全员安全生产责任制应明确各岗位的责任人员、责任范围和考核标准等内容；各参建单位应建立安全生产责任制落实情况的监督考核机制。

（6）各参建单位应建立、健全安全生产管理制度，建立健全应急预案、现场处置方案；施工单位应根据岗位、工种特点，引用或编制适用的安全操作规程，并发放到相关岗位。

（7）建设单位应组织对监理单位、工程总承包单位（如有）、施工单位资质进行审查，确保承包商企业资质及其人员资格符合现行国家规定，并与合同及投标文件承诺一致，严禁转包或违法分包。

（8）施工单位资质审查主要内容：

1）有关部门颁发的营业执照和施工资质证书原件（详见表5-1）。

2）经过与法人单位确认的授权委托书。

3）由当地政府主管部门颁发的安全生产许可证、施工简历和近三年安全施工记录。

表5-1　企业资质审查内容及注意事项

序号	资质证明	注意事项
1	营业执照	当前无正处于企业不良信息公示期
2	建筑施工企业资质	
3	起重设备安装工程资质	
4	承装（修、试）许可证	应经国家或企业属地政府相关监管部门网站查询合格，且在有效期内
5	安全生产许可证	

续表

序号	资质证明	注意事项
6	质量管理体系认证证书	应为第三方认证机构出具的认证证书且在3年有效期内
7	职业健康安全管理体系认证证书	
8	环境管理体系认证证书	

4）安全施工的技术资格证（包括负责人、工程技术人员和工人）及特种作业人员资格证（详见表5-2）。

5）安全施工管理机构及其人员配备情况（详见表5-3）。

6）保证安全施工的机械（含起重机械安全准用证）、工器具及安全防护设施、用具的配备。

7）安全文明施工管理制度。

表5-2　　人员资质审查内容及注意事项

序号	人员	资质证件	注意事项
1	项目经理	注册建造师证	应经国家或证件颁发地人事考试网站查询合格，注册公司应与施工单位一致；项目经理应与投标文件一致；总承包单位项目经理取得建设类注册执业资格或高级专业技术职称
		安全管理B证	
2	专职安全管理人员	注册安全工程师、安全管理C证或其他满足国家有关规定的资格证	—
3	特种作业人员	特种设备操作证	应经国家或证件颁发地政府监管部门网站查询合格，且在有效期内
		特种作业操作证	应经国家或证件颁发地政府监管部门网站查询合格，且在有效期内
4	作业人员年龄	身份证	（1）承包商不得以任何形式招录或使用18周岁以下、60周岁以上男性或50周岁以上女性进入生产现场从事三级及以上体力劳动。 （2）禁止55周岁以上男性、45周岁以上女性进入施工现场从事井下、高空、高温、受限空间，特别是繁重体力劳动或其他影响身体健康以及危险性、风险性高的特殊工作
5	体检	体检报告	全部人员应经县级以上医院体检合格，无妨碍作业的疾病、禁忌症和生理缺陷；接触职业健康有害因素的人员还应提供职业健康体检证明

表5-3　　保险审查内容及注意事项

序号	保险类型	主体	注意事项
1	安全生产责任险	施工单位（企业）	如合同要求，应审查此项
2	工伤保险	项目管理人员	工伤保险缴纳单位应为施工单位
3	人身意外险	施工人员	（1）应在开工前为全体施工人员办理人身意外保险，保额不得低于100万元/人。 （2）开工后发生人员变更、调整时新进人员入场报验前应完成人身意外保险人员名单更新

(9) 发承包双方应当依法签订合同，明确项目工期、承包商主要工作范围、安全措施费用、各自的安全生产管理职责及奖惩条款等内容。

(10) 发承包双方应当签订安全管理协议；两个及以上承包商在同一作业区域内作业时，由发包方组织相关方签订安全管理协议；安全管理协议应明确各自的安全生产管理职责、目标和应当采取的安全措施及考核条款，以及现场安全监督人员。

(11) 发包项目实行总承包的，总承包商与分包商应签订分包合同和安全生产管理协议，同时将分包商的资质等材料如实报建设单位审核、备案。

(12) 发包方应明确承包商入厂（场）各级安全教育培训的实施主体、内容、形式、学时和考核方式，并组织实施；各参建单位应制定项目安全教育培训计划。

(13) 发包方项目安全监督管理部门应当组织对承包方员工进行入厂（场）三级安全教育培训，考试合格后方可办理入场手续；入厂（场）安全培训应满足以下要求：

1) 临时性承包商人员培训时间不得少于8学时。

2) 短期承包商人员培训时间不得少于16学时。

3) 中、长期承包商人员培训时间不得少于24学时，每周定期组织开展集中安全学习。

4) 承担检验、检测等临时性工作的承包商作业人员，可进行交底性安全培训，具体内容和时间根据作业风险，由发包方确定，同时作业期间必须由发包方人员全过程监护。

5) 严格执行三个100%的原则，即：100%培训、100%考试、100%合格（合格线可以根据项目时长、风险程度、承包商评价结果综合确定，原则上不得低于80分），考试合格后方可允许进场。

(14) 特种作业人员、特种设备操作人员应按有关规定接受专门的培训，经考核合格并取得有效资格证书后，方可上岗作业，并定期进行资格审查。

(15) 施工单位应建立个人安全管理档案，推荐利用信息化工具进行档案管理，个人安全管理档案中至少包括：

1) 身份证复印件。

2) 体检证明。

3) 工伤保险、意外伤害保险（如需）。

4) 资格证书复印件。

5) 三级安全教育登记卡。

6) 安全教育培训考试成绩。

7) 疫情防控要求的相关资料。

(16) 机械设备及工器具入厂（场）必须履行报验手续，施工单位应自行验收合格，满足施工安全要求，向监理单位、建设单位申请入场报验，建设单位安全监督管理部门进行复核后，发放设备进场许可；实行工程总承包的，工程总承包单位应对施工单位的施工机械设备入厂检验情况进行审查。

(17) 重新入场的外部设备，须再次履行报验手续；设备状况有重大改变或监理单位、建设单位认为必要时，应重新进行报验。

(18) 施工机械设备整机进入施工现场后、投入使用前，施工单位应对整机的安全技术状况进行检查，检查合格后经监理单位复检确认后方可投入使用；特种设备还应经特种设备检验机构检测合格。

（19）待安装的施工机械设备进入现场后、安装之前，施工单位应对施工机械设备散件的安全技术状况进行检查。

（20）租赁的机械设备进场时，由施工单位对设备技术、安全状况以及出厂合格证，相应的安全使用证、技术资料、设备操作人员的作业资格证书等进行检查验收；对于国家强制要求需定期进行检验的特种设备，需出租方提供有效的检测报告和证明，符合要求才能准予进场。

（21）实行工程总承包的，工程总承包单位应对施工单位的施工机械设备入厂检验情况进行审查，并报送监理单位统一进行确认。

（22）监理单位应对进场施工机械设备的基本状况进行检查，编制基本情况报告，并报建设单位备案。

（23）施工组织总设计、标段施工组织设计、具备开工条件的专业施工组织设计或施工方案等必须经监理单位、总承包单位、建设单位审批。

1）施工组织总设计应由建设单位组织编制，建设单位相关部门审核，技术负责人批准；实行工程总承包的，由工程总承包单位负责人组织编制，工程总承包单位相关部门审核，总承包单位技术负责人批准。

2）标段施工组织设计和专业施工组织设计由施工单位项目负责人组织编制，施工单位本部相关部门审核、技术负责人批准。

（24）施工组织总设计（或标段施工组织设计）应包含安全技术措施专篇（安全技术计划）。安全技术措施专篇（安全技术计划）应包括以下内容（包括但不限于）：

1）项目安全目标。

2）建立有管理层次的项目安全管理组织机构，明确职责。

3）根据项目特点进行安全和职业卫生方面的资源配置。

4）建立具有针对性的安全生产管理制度。

5）风险分析评价、安全技术控制、安全技术监测与预警、应急救援、安全技术管理。

6）对达到一定规模且危险性较大的分部分项工程和高风险作业应制订专项安全技术措施的编制计划。

7）根据季节、气候的变化，制定相应的季节性安全施工措施。

（25）危险性较大的分部分项工程应按照《危险性较大的分部分项工程安全管理规定》编制专项施工方案，专项施工方案应由施工单位项目部技术负责人组织编写，施工单位本部相关部门审核、技术负责人批准，超过一定规模的危险性较大的分部、分项工程专项方案应由施工单位组织符合专业要求的专家论证。

5.2 开工许可阶段

（1）建设单位应制定发包项目开工许可管理制度；开工条件具备后，由施工单位提出开工申请，建设单位组织工程管理部门、生产技术管理部门、项目主管部门、安全监督管理部门（含监理单位）等按照承包商招标文件、合同及安全管理协议规定的内容进行核查，确认合格后办理安全许可等开工手续。

（2）建设工程开工应具备以下条件（详见表5-4）。

表 5-4　建设工程开工条件

序号	主要工作事项及内容
1	政府许可及备案
1.1	规划手续
1.2	行业主管部门许可
1.3	发改委备案
2	管理准备
2.1	建立目标
2.1.1	建立项目目标（包括进度、质量、安全），并进行分解
2.2	组织机构
2.2.1	建立项目管理组织机构，管理人员到位
2.2.1.1	建设单位
(1)	成立项目公司
(2)	建立项目管理组织机构
(3)	明确管理职责
(4)	主要管理人员到位
2.2.1.2	监理单位
(1)	成立监理公司项目部
(2)	建立项目管理组织机构
(3)	明确管理责任
(4)	项目总监理师及主要专业监理工程师（土建、电气、工艺、安全、文档等）已到场，且资质符合国家法律法规相关规定
2.2.1.3	总承包单位
(1)	成立项目部
(2)	建立项目管理组织机构
(3)	明确各部门、岗位管理职责
(4)	项目经理及主要管理人员（土建、电气、工艺、安全、文档等）已到场，满足项目开工要求，且资质符合国家法律法规相关规定
2.2.1.4	施工单位
(1)	成立项目部
(2)	建立项目管理组织机构
(3)	明确各部门、岗位管理职责
(4)	项目经理及主要管理人员（土建、电气、工艺、安全、文档等）已到场，满足项目开工要求，且资质符合国家法律法规相关规定
2.2.2	建立安全管理组织机构
2.2.2.1	建设单位
(1)	成立工程建设安全生产委员会
(2)	设置专人管理安全，并持证上岗
2.2.2.2	监理单位
(1)	设置安全总监、安全监理工程师，持证上岗
2.2.2.3	总承包单位
(1)	成立总承包项目安全领导小组
(2)	设置专门的安全管理机构

续表

序号	主要工作事项及内容
(3)	按规定配置专职安全管理人员，持证上岗
2.2.2.4	施工单位
(1)	成立施工安全领导小组
(2)	设置专门的安全管理机构
(3)	按规定配置专职安全管理人员，持证上岗
2.2.3	建立质量管理组织机构
2.2.3.1	建设单位
(1)	建立质量管理组织机构
(2)	按照专业划分配备质量管理专业人员
2.2.3.2	监理单位
(1)	建立质量管理组织机构
(2)	按照专业划分配备质量管理专业监理工程师
2.2.3.3	总承包单位
(1)	建立质量管理组织机构
(2)	按照专业划分配备质量管理专业人员
2.2.3.4	施工单位
(1)	建立质量管理组织机构
(2)	按照专业划分配备质量管理专业人员
2.3	项目管理制度
2.3.1	建设单位编制并发布项目管理制度
2.3.2	监理单位编制监理工作程序
2.3.3	总承包单位编制并发布项目管理制度
2.3.4	施工单位编制项目管理制度并向总承包单位（或业主）备案
2.4	项目管理
2.4.1	项目策划管理
(1)	监理单位编制监理规划、监理实施细则
(2)	总承包单位编制项目管理计划和实施计划
(3)	总承包单位编制项目实施细则
(4)	总承包单位编制施工组织总设计
(5)	施工单位编制施工组织设计
2.4.2	项目安全管理
(1)	建设单位组织编制施工安全管理总体策划文件，并经建设工程安全生产委员会批准发布，其他参建单位依据已经批准的安全管理总体策划，编制完成本单位安全管理策划文件，并经批准发布
(2)	工程总承包或施工单位的环境、职业健康和安全管理体系已通过建设单位审批
(3)	项目危险和有害因素进行辨识与风险评估已完成，对存在有害因素场所进行了检测，确定了较大危险和有害因素，制定了安全控制措施
(4)	第一次项目安全专题会已召开
(5)	依法参加了工伤保险、安全生产责任险、人身意外险等保险
2.4.3	项目质量管理
(1)	建设单位、监理、总包及施工单位均编制了项目质量管理文件
(2)	第三方检测单位资质及人员资质满足要求，并经建设单位或监理单位批准

续表

序号	主要工作事项及内容
(3)	工程桩、钢筋、混凝土等原材料供应商资质满足要求，并经建设单位或监理单位批准
(4)	施工工器具经检验合格，并经建设单位或监理单位批准
(5)	原材料使用前已提供合格证，需要进行第三方检测的已完成检测，且检测合格，并经建设单位或监理单位批准
(6)	计划开工的施工方案已编制完成，已报审，并经建设单位或监理单位批准
(7)	施工质量验评范围划分表已确定，并经建设单位或监理单位批准
2.4.4	项目进度管理
(1)	已编制施工图到场计划及图纸会审计划
(2)	已编制科学合理的施工进度计划
(3)	已编制主要设备到货计划
(4)	已编制进度计划保证措施
2.4.5	项目资源管理
(1)	工程桩、商混站、钢筋等原材料供应商已确定，且单位资质、人员资质及供货进度满足连续施工要求
(2)	施工用电方案已确定，并已解决
(3)	施工用水方案已确定，并已解决
(4)	道路施工所需要的砂石料等原材料来源已确定，且满足连续施工要求
(5)	施工人员数量满足施工进度要求，并已经过三级安全教育及安全技术交底，并能胜任施工任务
(6)	施工机械（主要是打桩机、钢筋加工机械、土方机械等）满足施工进度要求，计划开工用到的施工机械已进场且完成报审，并经建设单位或监理单位批准
(7)	施工设备及工器具（主要是柴油发电机、电焊机、GPS设备、卷尺、水准仪等）配置满足施工进度要求，并已报审，已经建设单位或监理单位批准
2.4.6	项目沟通机制
(1)	项目沟通协调程序已建立
(2)	项目通用管理表格和记录已确定
(3)	项目会议、报告形式和内容已确定
(4)	成立外部接口协调组织机构
3	设计准备
3.1	通用
3.1.1	设备已招标、订货、签订技术协议，提供相关设计资料
3.1.2	项目已完成初步设计，并通过审查，并已开展施工图设计
3.1.3	已完成设计交底
4	现场准备
4.1	临建
4.1.1	通用
4.1.1.1	临建生活设施满足开工入住条件
4.1.1.2	临建办公设施基本建设完成，满足开工入住条件
4.1.2	专用
4.1.2.1	临建生活设施已经建设或租赁完成，达到入住条件
4.1.2.2	临建办公设施已经建设或租赁完成，办公设施就位，通信设备安装完成，具备办公条件
4.2	安全文明施工准备

续表

序号	主要工作事项及内容
4.2.1	“六牌二图”（即工程概况牌、现场出入制度牌、管理人员名单及监督电话牌、安全生产牌、消防保卫牌、文明施工牌和现场平面布置图、建筑效果图）等大型标志牌安装完成
4.2.2	现场生产区域、设备材料堆放场分区域隔离完成
4.2.3	现场临时施工用电及区域照明设施已按要求布置
4.2.4	脚手架搭设、临边防护、孔洞盖板等防护措施按标准化要求执行
4.2.5	现场垃圾箱及集中堆放点明确
5	资金准备
5.1	工程预付款

6 施工作业安全标准化管理

6.1 作 业 人 员

6.1.1 作业人员基本要求

1. 现场作业人员的资质与能力要求

（1）作业人员应经过健康体检；对存在可能造成职业病的岗位作业人员按照 GB Z 188—2014《职业健康监护技术规范》的要求进行职业健康检查，主要涉及的作业有：焊接作业、高处作业、有限空间作业、高温、紫外线等；作业人员应没有相关职业病、职业损害和职业禁忌症，有职业禁忌症（主要有高血压、恐高症、癫痫、晕厥、心脏病、梅尼埃病，四肢骨关节及运动功能障碍等病症）的人员不应从事相关工作。

（2）作业人员应具备焊接、机械、电气、安装知识，应接受厂家关于阀门、补偿器、换热机组安装安全技术交底。

（3）作业人员应掌握坠落悬挂安全带、自锁器、安全绳、安全帽、防护服和工作鞋等个人防护设备的正确使用方法，应具备高处作业、高空逃生及高空救援相关知识和技能，特种作业应取得与作业内容相匹配的特种作业操作证。

（4）作业人员应熟悉工作潜在的危险、危险的后果及预防措施，通过急救、消防基础安全培训，应具备触电、烧伤、烫伤、外伤、中毒、火灾、动物危害、极端天气等应急情况的处置技能，应学会正确使用消防器材、安全工器具和检修工器具。

（5）作业人员进入现场前，应经过安全教育和培训，考试合格方可开展工作，临时用工人员还应被告知其作业现场和工作岗位存在的危险因素、防范措施和事故紧急处置措施后，方可参加指定工作。

2. 人员配置与管理

（1）承包商应当按照合同约定，保证人员投入、保证队伍稳定；未经建设单位书面同意，项目负责人、技术负责人、安全负责人、质量负责人等主要人员不得擅自变更。

（2）承包商项目负责人未经发包方同意不得缺岗或擅离职守，每月现场出勤不得少于工作日的 80%或合同约定。

（3）建设单位应对承包商人员进入厂区和作业区域实施授权管理，为资质审验并安全培训考试合格的人员办理上岗证和授权帽贴（具体参见集团公司《HSE 管理工具实用手册》；承包商人员必须持有效上岗证出入厂区和生产作业区域，严禁承包商人员进入非承包作业区域。

（4）建设单位应当不定期对承包方负责人、安全监督管理和专业技术人员进行专业能力验证和安全抽考，考试不合格的人员应取消入厂（场）资格。

（5）承包商应当建立全员安全管理档案，报建设单位安全监督管理部门备案，并实行动态管理。

（6）承包商不得以任何形式招录或使用18周岁以下、60周岁以上男性或50周岁以上女性进入生产现场从事体力劳动。

（7）禁止55周岁以上男性、45周岁以上女性进入施工现场从事高空、高温、受限空间，特别是繁重体力劳动或其他影响身体健康以及危险性、风险性高的特殊工作。

（8）现场人员“黑名单”管理执行集团公司《HSE管理工具实用手册》。

6.1.2 监督及监护要求

（1）建设单位应当定期开展项目安全生产监督检查和隐患排查治理工作，对承包商安全作进行监督检查、评价，实现闭环管理。

（2）监理单位应按照合同约定条款履行项目安全监督责任，在安全监理工作方案中，应明确安全检查签证、旁站和巡视等安全监理的工作范围、内容、程序和相关监理人员职责以及安全控制措施、要点和目标；应对工程关键部位、关键工序、特殊作业和危险作业等进行旁站监理，对重要设施进行安全检查签证。

（3）施工单位应定期开展承包项目安全生产自检自查和隐患排查治理工作，进行下列作业时必须设置专职监护人。

1）沟槽（基础）阶段：沟槽（基础）人工掏挖；高边坡开挖；深坑沟槽（基础）开挖和支护（超过3m时）；易坍塌等特殊沟槽（基础）开挖、支护等。

2）土建工程：暗挖、顶管、定向钻作业；高处模板搭拆；大体积混凝土浇筑；脚手架安装拆卸等。

3）安装阶段：支架、管道、阀门、补偿器等安装；焊接质量检验；压力试压、水冲洗、蒸汽吹扫等。

4）重要起重作业：两台及以上起重机联合抬吊；大型机械组装或拆除作业等；支架、管道、阀门、补偿器吊装作业等。

5）其他：检查井室、地沟等受限空间作业等。

6）能源站配电系统受电调试。

7）充电桩系统受电调试。

8）能源站系统调试。

9）现场临时用电接线。

（4）各参建单位应对外来人员（包括参观、洽谈、考察、学习、供货人员可能接触到的危害进行告知），对应急处置方法和相关安全规定进行交底，做好监护工作。

（5）专职监护人应在施工作业期间全程在施工现场进行监护，并对作业人员的行为进行指导和纠正；监护期间若发现存在安全隐患，经提示后仍不改正，可能出现较大风险时，可执行停工令，要求作业人员停止工作并做好措施后暂离现场，待消除安全隐患并履行复工手续后方可复工。

（6）存在较大安全风险和重大作业、危险作业的施工作业在专职监护人未到场时，不得擅自开始工作；专职监护人作业过程中需离开现场时应提前通知接替的监护人到场，交接到位后方可离场；需施工作业人员倒班进行的连续作业，应提前安排好专职监护人员倒班进行旁站监护，做到监护无缝衔接。

（7）对于重大危险的施工项目或重大工程节点、关键性试验等，如大跨度桁架（桥梁）吊装作业、定向钻拖管作业、顶管施工、暗挖隧道支护及结构施工、蒸汽管道整体吹扫、供热首站、一次网、中继泵站、隔压站、热力站、二次网联调联试等，各参建单位必须履行领导到场监护制度，上述作业处于节假日、国家重大活动期间等时，应实行提级监护。

6.2　施工作业过程

6.2.1　现场总体布置要求

1. 现场总平面规划

（1）现场总平面规划应考虑整体视觉形象、模块化管理。

（2）视觉形象应统一、整洁、美观。

（3）施工总平面布置按施工标段、按功能模块相对集中的布置原则划分各个模块，分为生活区、办公区、设备材料存放区、道路、围挡、各施工区等；各区域应主要由硬质围挡等隔离设施围护、隔离、封闭；各区域应设置相应的安全标志、标识。

（4）现场临时建筑物应采用活动彩钢板房或砖砌房，外观、颜色应统一；严禁用石棉瓦、脚手板、模板、彩条布、油毛毡、竹笆等材料搭建工棚；活动彩钢板房要选用非燃材料；电气线路应采用金属管或经阻燃处理的难燃型硬质塑料管保护，且不应敷设在易燃可燃材料结构内。

（5）施工区域应实行定制化管理，各施工承包商区域内的布置，都必须突出文明施工管理和环境管理的要求；应满足有关规程对安全、消防、环保、防火、防爆、防洪排水的要求。

（6）施工区域现场须放置施工文件包，包括四措两案、工前工后会、人员签到表、安全技术交底、人员花名册等文件。

（7）施工道路应按“永临结合”（即工程施工中的临时设施与永久设施相结合进行一次施工）的原则施工，施工区域的临时道路应采取硬化措施，道路两侧应形成排水坡度，设置排水明沟，排水系统应保持畅通；施工道路应充分考虑管道、预制构件等大件运输时道路的转弯半径，确保场内运输畅通。

（8）施工区裸露土地应采取覆盖、固化等有效措施防止扬尘。

（9）作业现场应划定责任区域，按施工总平面布置图规定的地点和要求，对材料、设备、附件等实行定置管理。

2. 施工区布置

（1）应对施工区文明施工进行规划，规划内容包括电源、机械、设备、主材、辅材的临时存放点、加工场所，以及休息室、出入通道、废料堆放区等；各施工区之间应由标准化围栏实行封闭管理，封闭、围护设施必须达到透视效果。

（2）场内各类材料、设备、机械应按平面设置图定点存放，摆放整齐，实行定置化管理。

（3）场内设备材料、工器具等均应摆放在规划指示地点，定点分类存放，定置化管理，堆放不得阻塞安全通道。

（4）场内各区域应设置相应的安全标志、标识牌及休息点、饮水点、厕所等。

（5）配置安全标志标识。

（6）施工区域内应配置急救药箱，内放急救药品与急救工具。

3. 加工场布置

（1）加工场地应集中设置，木材加工场和钢筋加工场应相对分开。

（2）加工场地面应坚实、平整硬化或垫有碎石子层，地面无积水，有完备的排水设施。

（3）加工场临时工棚应采用装配式构架、彩钢板屋面。

（4）各种物资应摆放有序，标识清楚；设备材料码放应整齐成型，安全可靠；各种加工机械应摆放整齐有序，防护装置应齐全。

（5）加工场内分配电箱与开关箱的距离不得大于 30m；开关箱与其控制的固定式用电设备水平距离不宜超过 3m。

（6）木工加工场作为消防重点部位，其消防管理应符合本手册中消防管理规定。

（7）安全标志标识配置（详见表 6-1）。

表 6-1　　安全标志标识配置表

序号	位置	应配置标志、标识	说明
1	大门及进场道路	（1）六牌二图（安全生产禁令牌、集团公司安全政策声明牌、消防管理制度牌、工程概况牌、组织机构牌、工程目标牌；施工总平面规划图、文明施工区域责任划分图）。 （2）限速标志。 （3）停车场标志。 （4）停车线。 （5）斑马线。 （6）禁止停车线。 （7）停车位标线。 （8）应急集合点标识牌	
2	沟槽两侧围挡	（1）区域“三牌一图”（安全风险告知牌、区域网格化管理信息牌、现场应急处置方案牌、定制化管理平面图）。 （2）安全宣传牌	
3	沟槽施工区	安全围栏上字面向外悬挂“禁止入内”“禁止靠近”“注意安全”等安全标志牌	
4	起重吊装作业区	“当心吊物”和“禁止通行”等安全标志牌	
5	带电设备区	（1）围栏上应挂“有电危险”“禁止入内”“禁止攀登”等安全标志牌。 （2）带电设备上悬挂“当心触电”标志牌	
6	起重机械	（1）机械设备责任信息牌。 （2）安全操作规程牌	
7	工程车辆	（1）工程车辆信息牌。 （2）声光报警器	
8	配电箱	（1）配电箱信息牌。 （2）围栏和箱门上悬挂或粘贴“当心触电”标志牌。 （3）检查记录表。 （4）接线图	

续表

序号	位置	应配置标志、标识	说明
9	脚手架	（1）脚手架验收牌。 （2）通道出入口处悬挂“当心落物”“注意安全”“戴好安全帽”“系好安全带”等安全标志牌	
10	材料加工区	（1）安全操作规程牌。 （2）“禁止烟火”“禁止靠近”“当心伤手”“小心触电”“注意安全”等安全标志牌。 （3）木工加工场设置“消防重点部位牌”	
11	材料堆放区	材料标识牌	
12	消防器材	消防标识、检查记录表	

4. 安全体验区（推荐）

（1）根据现场实际情况设置安全体验区，体验区应采用围挡与施工现场隔离，场地空间大小应结合现场实际情况并确保各项体验活动的有效开展，从安全、实用、经济的角度确定设置安全体验项目。

（2）安全体验项目包括：沟槽临边（洞口）坠落体验、安全带体验、综合用电体验、安全帽撞击体验、灭火器演示体验、现场急救培训体验、操作平台倾倒体验、爬梯体验、防护栏杆推到体验、吊运作业体验、安全鞋撞击体验等。

6.2.2　安全标志、标识

1. 总体要求

（1）各参建单位应对施工现场各区域（包括生活区和办公区）安全标志、标识的布置进行策划并实施，包括安全标志布置图、安全标志布置清单。

（2）安全标志及使用应符合国家现行标准。其中，警示标志的安全色和安全标志应分别符合 GB 2893—2008《安全色》和 GB 2894—2008《安全标志及其使用导则》的规定；道路交通标志和标线应符合 GB 5768（所有部分）《道路交通标志和标线》的规定；工业管道安全标识应符合 GB 7231—2003《工业管道的基本识别色、识别符号和安全标识》的规定；消防安全标志应符合 GB 13495.1—2015《消防安全标志　第 1 部分：标志》规定；工作场所职业病危害警示标识应符合 GB Z 158—2003《工作场所职业病危害警示标识》的规定。

（3）安全警示标志和职业病危害警示标识应标明安全风险内容、危险程度、安全距离、防控办法、应急措施等内容；在有重大隐患的工作场所和设备设施上应设置安全警示标志，标明治理责任、期限及应急措施；在有安全风险的工作岗位设置安全告知卡，告知从业人员本岗位主要危害因素、后果、事故预防及应急措施、报告电话等内容。

（4）施工环境、作业工序发生变化时，应对现场危险和有害因素重新进行辨识，动态布置安全标识。

（5）安全标识应规范、整齐，设置应牢固，位置应适宜。

（6）安全标识应定期检查，对破损、变形、褪色等不符合要求的及时修整或更换。

（7）设备设施施工、吊装、脚手架拆除等作业现场应设置警戒区域和警示标志，在施工现场的坑、井、渠、沟、陡坡等场所设置围栏和警示标志；应进行危险提示、警示，告知危险的种类、后果及应急措施等。

2. 通用类标志

（1）安全标志包含警告标志、禁止标志、指令标志、提示标志。

（2）材质：应采用坚固耐用的材料制作，如铝合金板、钢板、不锈钢板，采用逆反射材料一反光膜制作标志面，反光膜应符合 GB/T 18833—2012《道路交通反光膜》的规定；不宜使用遇水变形、变质或易燃的材料，有触电危险的作业场所应使用绝缘材料。

3. 消防标志

（1）消防安全重点部位牌。

1）消防安全重点部位牌应设置在消防安全重点部位入口的显眼位置。

2）采用红底白字，推荐尺寸为 600mm×400mm，尺寸可根据实际情况等比例缩放。

（2）信息牌材质为聚丙烯不干胶，内容应定期核对和更新，且全部为打印字体，禁止手工填写，如图 6-1 所示。

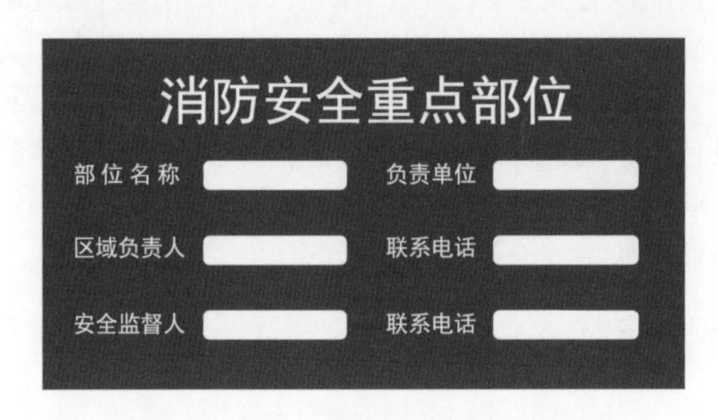

图 6-1 消防安全重点部位牌标准图

4. 安全警示线

安全警示线应包含防止踏空线、防撞警示线、安全警戒线、防止绊跤线、地面定置线、接地装置警示线、禁止阻塞线、防止碰头线。

5. 六牌二图

（1）六牌二图应设置在工程项目主入口大门附近的显眼位置，确保安装牢固。

（2）“六牌”：安全生产禁令牌、集团公司安全政策声明牌、消防管理制度牌、工程概况牌、组织机构牌、工程目标牌。

（3）“二图”：施工总平面规划图、文明施工区域责任划分图。

（4）六牌二图尺寸要求 2100mm×1400mm，蓝底白字整齐美观，制作成 PVC 板固定在围挡上（围挡两侧进出口均需设置此牌）；围挡板面要求采用平面草绿色图案或小草花纹样式，要求整洁、整齐、美观，高度：市区主要道路不应低于 2.5m，一般道路不低于 2m，严禁敞开式作业。

（5）可结合施工现场实际情况增加企业简介牌、项目理念、鸟瞰图等内容。

“六牌二图”尺寸及示意图如图 6-2 所示。

6. 材料标识牌

（1）材料标识牌应适用于现场设备、材料堆放状态标识。

（2）标识牌应采用铝塑板制作，尺寸可根据现场情况采用图 6-3 规格。

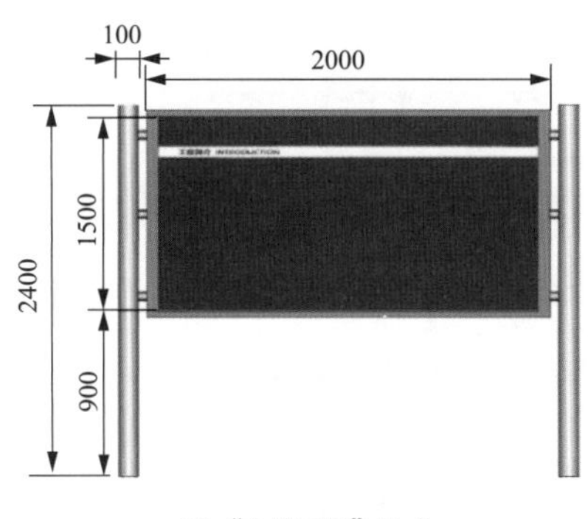

(a) “六牌二图”尺寸

(b) “六牌二图”示意图

图 6-2　“六牌二图”尺寸及示意图

单位：mm

L	H	h_1	h_2
300	200	20	30

图 6-3　材料标识牌标准图

7. 配电箱信息牌

（1）配电箱信息牌用以明确一级、二级、三级配电箱、移动电源箱、开关箱等的相关信息。

（2）标识牌应采用覆膜不干胶制作，尺寸可根据现场情况采用图 6-4 规格。

8. 脚手架验收牌

（1）验收牌钻孔后应打扣，绑扎带应固定于脚手架明显处。

（2）验收牌内容：脚手架类型、搭设部位及搭设规模、搭设时间、荷载、搭设单位、使用单位、验收人员、监督部门、使用班组负责人、区域安全员等。

（3）验收牌应采用铝塑板制作，参考尺寸 600mm×400mm，如图 6-5 所示。

9. 工机具及吊索具检验牌

（1）大中型机械设备检查标识、小型工机具检查标识、配电箱检查表应执行集团公司《HSE 管理工具实用手册》“设备设施检查可视化”。

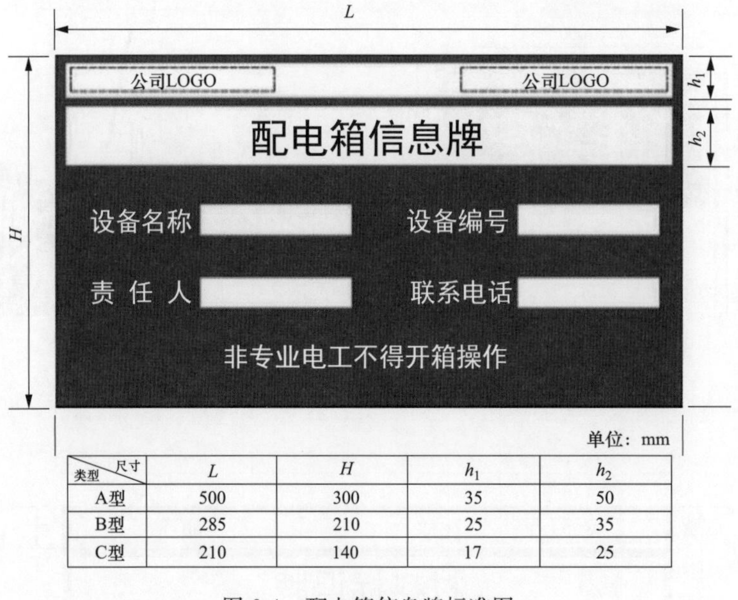

尺寸 类型	L	H	h_1	h_2
A型	500	300	35	50
B型	285	210	25	35
C型	210	140	17	25

图 6-4　配电箱信息牌标准图

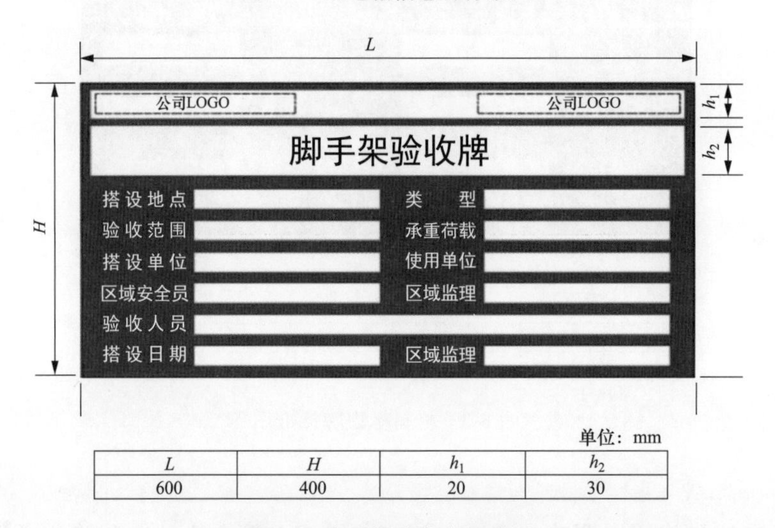

L	H	h_1	h_2
600	400	20	30

图 6-5　脚手架验收牌标准图

（2）吊索具类不便于张贴检验牌时，推荐采用与季度检验牌相同颜色的油漆涂刷色带或缠绕相应颜色的不干胶带等方式进行标示。

10. 地下设施标识桩

（1）施工现场埋地电缆、水管等管线的首末两端、拐弯处和直线段每隔 30m 均应设置地下设施标识桩，以标明地下设施的名称、方向和埋深。

（2）标志桩应标明电缆线路走向、电压等级、线路名称、电缆型号、应急联系电话、规格及重点（并联使用的电缆应有顺序号）和“当心触电”图形符号，如图 6-6 所示。

11. 安全操作规程牌

各种固定施工机械设备及各施工班组应分别悬挂、张贴机械设备安全操作规程牌、工种安全技术操作规程牌，如图 6-7 所示。操作规程内容根据设备的结构、运行特点和安全要求等，对其操作过程中必须遵守的事项提出要求。安全操作规程牌尺寸大小可根据下图等比例缩放。

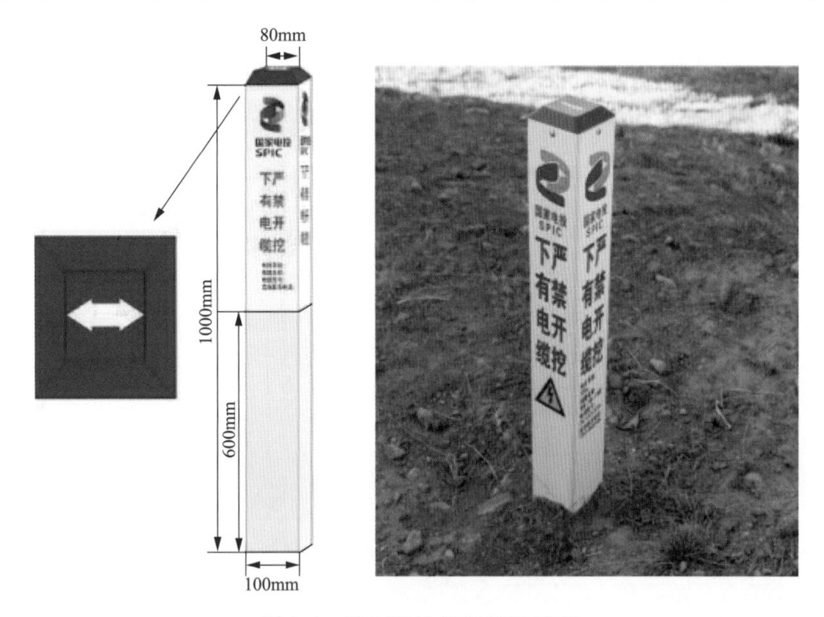

图 6-6　地下设施标识桩效果图

12. 安全宣传牌

(1) 安全宣传牌应设置在通道入口和施工现场，分为专用宣传牌和通用宣传牌，专用宣传牌用来进行安全红线等施工纪律的宣传；通用宣传牌用来标示普通的安全生产标语或企业文化宣传。通用宣传牌用来宣传企业文化等时，可以结合安全漫画设置。

(2) 标志牌应为蓝底、白字，材料为铝板反光膜，可参照图 6-7。

图 6-7　安全宣传牌标准图

6.2.3　标准化设施

1. 安全围栏和临时提示栏

(1) 门型组装式安全围栏。

1）用途：主要用于相对固定的安全通道、设备保护、危险场所等区域的划分和警戒。

2）结构及形状：采用围栏组件与立杆组装方式，结构、形状及尺寸如图 6-8 所示；钢（铁）管红白油漆应涂刷、间隔均匀。

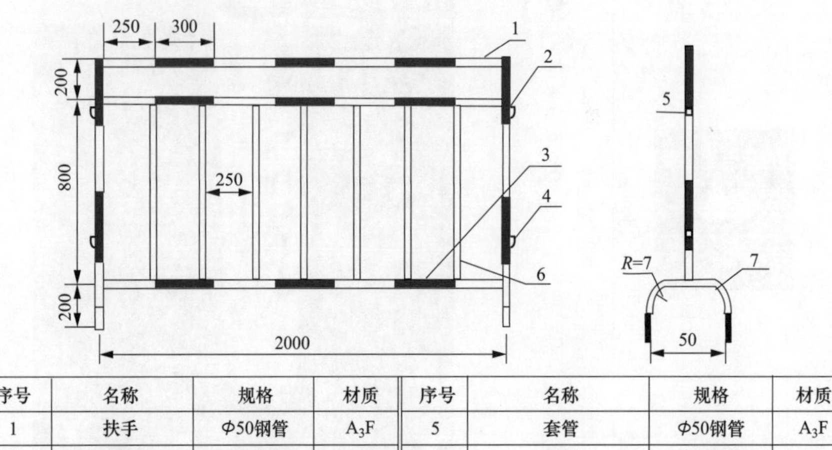

序号	名称	规格	材质	序号	名称	规格	材质
1	扶手	Φ50钢管	A_3F	5	套管	Φ50钢管	A_3F
2	立杆	Φ50钢管	A_3F	6	栏杆	Φ50钢管	A_3F
3	(上)下横梁	Φ50钢管	A_3F	7	立柱地脚	Φ50钢管	A_3F
4	插管	Φ50钢管	A_3F	8			

注　4插管、5套管，根据实际需要设置。

图 6-8　门型组装式安全围栏标准图

3）使用要求：

a）安全围栏应与警告（示）牌配合使用。

b）安全围栏应立于水平面上。

c）带电设备的安全围栏应与带电设备保持安全距离，并可靠接地。

d）当安全围栏出现构件焊缝开裂、破损、明显变形、严重锈蚀、油漆脱落等现象时，应经修整后方可使用。

（2）提示遮栏。

1）用途：适用于施工区域的划分与提示（如定向钻作业区、吊装作业区、井室浇筑区、设备临时堆放区等）。

2）结构及形状：由立杆（高度 1.05～1.2m）和提示绳（带）组成，安全提示遮栏的结构、形状。

3）使用要求：安全围栏应与警告、提示标志配合使用，固定方式根据现场实际情况采用，应稳定可靠。

2. 孔洞盖板

（1）用途：适用于直径或边长 1m 以下的孔洞的临时封闭。

（2）形状及结构：采用花纹钢板或网格板，尺寸及结构如图 6-9 所示，钢板厚度为 3～4mm，限位块在盖板下布置不应少于四点且应焊接牢固，盖板宜制作 2 个拉手；大于 50cm 的孔洞盖板应设加强肋，加强肋可使用槽钢、角钢等；孔洞盖板颜色应刷红白或黄黑相间颜色，工程项目现场应统一；孔洞盖板应安装防脱落限位块。

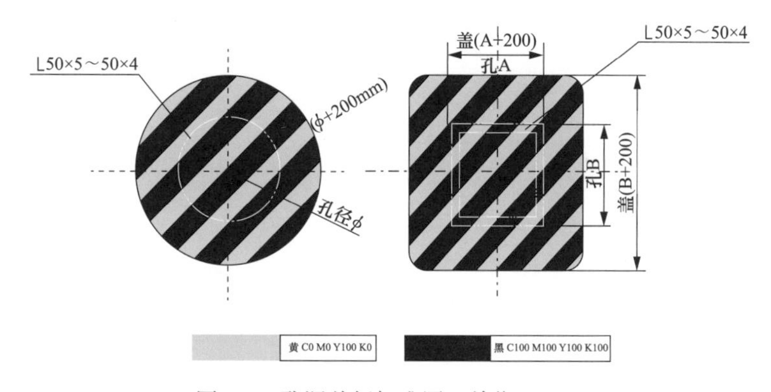

图 6-9　孔洞盖板标准图（单位：mm）

（3）使用要求：

1）盖板边缘尺寸必须大于孔洞边缘 100mm。

2）孔洞盖板承受荷载时，应经计算确定，承载力不应小于最大压力的 2 倍。

3）盖板出现限位块失效、损伤及明显变形、网格铁条焊缝有断裂、盖板标志模糊不清，无法辨识时，应停止使用。

3. 施工通道

（1）用途：适用于中继泵站、热力站、能源站等建筑施工主通道入口安全防护。

（2）形状及结构：高度不低于 2.5m，宽度、长度根据建筑物规模确定；框架使用脚手架搭设，钢管刷红白相间条纹油漆，宽度为 300mm；通道内侧连续挂设密目式安全网，可连续布置安全宣传栏，通道的地面应平整、硬实，可视情况铺石屑、跳板或混凝土硬化，坠落半径内应设置双层防护棚，使用大于或等于 50mm 厚木板，上下层间距为 600mm。

（3）使用要求：

1）通道内不得摆设管线、设备及各种施工材料；四周挂设安全宣传挂图，并加装安全语音提醒。

2）安全通道须经验收合格悬挂验收标识牌，方可投入使用。

4. 移动作业平台

（1）用途：移动作业平台是用扣件式脚手架或门型脚手架搭设，适用于高处作业的平台。

（2）形状及结构：

1）作业平台的面积不宜超过 $10m^2$，高度不宜超过 5m。

2）作业平台可采用 ϕ48×3.6mm 钢管以扣件连接，也可采用门架脚手架部件组成；平台的次梁间距不大于 800mm；台面满铺不低于 50mm 厚脚手板，并设置不低于 180mm 的挡脚板。

3）移动作业平台的轮子与平台的接合处应牢固可靠，立柱底端离地面不超过 80mm；作业平台四周按临边要求设置不低于 1.2m 防护栏杆，并布置登高扶梯。

（3）使用要求：

1）作业平台使用前必须经过验收合格，挂验收合格牌。

2）作业平台应与防坠落设施配合使用。

3）作业平台应定期进行检查，并设置限载信息牌、责任信息牌、安全标志等。

5. 梯子（直梯/折梯）

（1）用途：协助工作人员在工地上高落低。

（2）使用要求：

1）2m及以上的直爬梯应配合防坠落设施使用；高处作业人员严禁手拿工具或器材上下梯子，梯子上作业应使用工具袋。

2）直梯工作角度以75°±5°为宜，随时可挪移；折梯使用时上部夹角以35°～45°为宜，铰链必须牢靠，并有可靠的拉撑措施。

3）爬梯使用时应搁置稳固，采取防滑、防侧翻、防坠落措施，必要时设置专人监护。

4）严禁将梯子用作支架、跳板或其他用途；梯子不用时应横向水平放置。

5）站在爬梯上进行作业时只能适用于短时间内完成的作业，一次不得超过30min。

6）在有触电危险的区域应使用绝缘材质的梯子，如玻璃纤维绝缘梯子。

6. 气瓶设施

（1）氧气瓶/乙炔瓶推车。

1）用途：适用于零散气瓶的地面搬运和存放。

2）形状及结构：气瓶推车的规格及形式如图6-10所示（气瓶推车示例），采用钢管焊接，配有实心胶轮，氧气、乙炔瓶推车应装设遮阳罩；可根据气瓶颜色不同，在推车表面涂刷不同颜色油漆（氧气瓶推车表面涂刷蓝色油漆，乙炔瓶推车表面涂刷白色油漆）。

3）使用要求：到达使用位置应将气瓶直立放置。

4）氩气、二氧化碳等气瓶推车可参照图6-10气瓶推车进行制作。

图6-10　气瓶推车示例

（2）气瓶架。

1）基本要求：

a）架子明确标识放置气瓶种类，应有防止气瓶倾倒措施。

b）架体底座、腰托使用14槽钢，两侧立柱使用∟40角钢，如图6-11所示。

c）防雨罩使用3mm钢板制作，中间凸起、两边坡度均为30°。

2）使用要求：用于不超过3瓶的氧气、乙炔瓶存放。

图 6-11 气瓶架示例

7. 消防设施

（1）移动灭火器。

1）消防设施应结合现场实际，按照 GB 50720—2011《建设工程施工现场消防安全技术规范》配置。

2）消防器材架（箱）用于摆放消防设施，材质为钢质，颜色为红底白字。

3）消防器材架箱及灭火器布置示例如图 6-12 所示。

图 6-12 移动式防器材示例

（2）消防砂箱。

1）现场按照 DL 5027—2015《电力设备典型消防规程》“附录 G 典型工程现场灭火器和黄沙配置”设置消防砂箱、砂桶、消防铲，如图 6-13 所示。

图 6-13 消防砂箱示例

2）消防砂箱容积为 1.0m^3，并配置消防铲，每处 3～5 把，消防砂桶应装满干燥黄沙；消防砂箱、桶和消防铲均应为大红色，砂箱的上部应有白色的“消防砂箱”字样，箱门正中应有白色的“火警119”字样，箱体侧面应标注使用说明；消防砂箱的放置位置应与带电设备保持足够的安全距离。

6.2.4 个体安全防护

1. 劳动防护用品

（1）安全帽。

1）安全帽符合GB 2811—2019《头部防护　安全帽》标准，各参建单位应统一配发带有本单位标识的安全帽，冬季安全帽需考虑防寒功能。

2）安全帽不应被储存在酸、碱、高温、日晒、潮湿等处所，更不可与硬物存放在一起；安全帽出现破损、污染时应及时更换。

3）安全帽配合授权帽贴使用。

4）各参建单位安全帽颜色可按照本企业相关规定执行，参照集团公司目视化管理手册，建议项目建设期间安全帽实行分色管理：管理人员为红色，施工作业人员为蓝色，外来人员和参观人员为白色。

（2）安全鞋。

1）高压带电作业人员必须按有关要求选择相应等级的专用绝缘鞋。

2）使用前应进行检查，发现破损、潮湿的，禁止使用。

3）安全鞋符合GB 21148—2020《足部防护　安全鞋》标准，承包商应为施工人员配备合格安全鞋，冬季安全鞋需要考虑防寒功能。

4）安全鞋应具备防砸、防刺穿、防滑功能。

5）特种作业人员应当根据作业特性选择合适的安全鞋，架子工应穿防滑软底鞋。

6）具体参考GB 21148—2020《足部防护　安全鞋》与AQ/T 6108—2008《安全鞋、防护鞋和职业鞋的选择、使用和维护》。

（3）防护手套。

1）应选择与使用场所、作业对象相配套的劳保用品。

2）应当按照DB 23/T 1496.23—2021《劳动防护用品配备标准》为从业人员配备防护手套。

（4）工作服。

1）各参建单位应统一配发带有本单位标识的符合DB23/T 1496.23—2021《劳动防护用品配备标准》的专用工作服（夏、秋两季以及冬季棉服，均须具有高可视性反光条）。

2）应根据工作场所防护要求选择适应的工作服。

3）常用工作服有普通工作服、连体工作服、防火工作服、静电防护服等。

4）工作服必须为长袖，无牵绊附件。

（5）高可视性警示服。

1）参照执行集团公司《HSE管理工具实用手册》。

2）高处作业和存在勾挂危险的作业，不能穿着高可视性警示服，但地面作业人员必须穿着高可视性警示服。

3）穿着特殊防护服（阻燃服）和动火作业时不能穿着高可视性警示服。

（6）防护面罩。

1）防护面罩具体参考现行国家标准GB/T 3609.1—2008《职业眼面部防护　焊接防

护　第1部分：焊接防护具》执行。

2）必须采购具有合格证的合格产品。

3）应选择与使用场所相配套的产品。

4）使用前应进行检查，不合格品不得使用。

（7）防护眼镜。

1）适用于从事工作场所可能出现飞来的物质颗粒、碎屑、火花、飞沫、耀眼的光线、烟雾等作业人员。

2）护目镜镜片及镜架要求坚固，不易破碎，当镜片模糊影响作业时应当及时更换。

（8）电焊面罩。

1）从事电焊作业的人员必须佩戴电焊面罩，防止在焊接过程中产生的强光、紫外线和金属飞屑损伤面部、眼睛等。

2）应根据作业特点，可选择手持式或头盔式面罩。

3）电焊面罩、护目镜片损坏时应及时更换。

（9）防尘口罩。现场涉及粉尘作业的人员如打磨作业、切割作业、焊接作业、油漆作业、清洁作业等人员应当配备合适的防尘口罩或防护面罩。

2. 防坠落装置

（1）安全带。

1）参建单位应当按照劳动防护用品配备标准以及有关规定，为从业人员配备安全带。安全带的相关要求、检验规则及其标志应符合GB 6095—2021《坠落防护　安全带》的要求。

2）安全带使用前应进行外观检查，做到高挂低用。

3）安全带应存储在干燥、通风的仓库内，不准接触高温、明火、尖锐的坚硬物体，也不允许长期暴晒。

4）高处作业必须使用全方位冲击式（双钩五点式）安全带。

（2）自锁器（导向式防坠器）。

1）架空管道高处作业人员必须穿戴“双钩五点”式安全带并按照要求使用自锁器。

2）必须选购具有劳动安全部门发给生产许可证的专业制造厂生产的产品。

3）使用前安全锁扣必须直接与安全带D型环连接。

4）滑行装置安装好后，应将防震器笔直置于滑行装置和安全锁口之间，严禁扭曲。

6.2.5　机械设备及工器具

1. 机械设备及工器具分类

根据机械设备及工器具主要参数可分为：大型起重设备及起重工具、中小型施工机械设备及小型施工工器具。根据危害程度可分为：一般施工机械设备、特种设备。

（1）大型起重设备及起重工具指汽车式起重机、履带起重机、吊梁、手拉葫芦、吊索具、卷扬机等。

（2）中小型施工机械指挖掘机、推土机、平地机、装载机、压路机、搅拌机、空气压缩机、发电机、叉车、运输车辆、钢筋加工设备（切断机、弯曲机、滚丝机）、电焊机、木工机械、空中工作台等。

（3）小型工器具指手持电动工具、锚栓张拉器、电动扳手、液压扭矩扳手、液压泵、气动工具、电锯、潜水泵、风机、直梯等。

2. 机械设备及工器具管理要求

（1）建设单位工程管理部门应制定机械设备与工器具入厂（场）报验管理办法，明确报验范围、流程和资料等。

（2）施工单位应配备专职、兼职机械管理员，建立机械设备管理制度、台账。

（3）施工单位应当保证承包项目使用的机械设备与工器具符合安全要求，定期开展自检、自查工作，并按照要求实施可视化管理。

（4）机械设备及工器具入厂（场）管理，应执行本手册准入与开工许可阶段安全管理部分。

（5）建设单位项目工程管理部门负责对机械设备与工器具的安全状况、检验状态、标志标识等进行全过程管理；安全监督管理部门进行监督检查或抽查。

（6）对于转动机械应增加防护罩，禁止穿宽松衣服操作转动机械，按照集团公司《电力安全工作规程热力和机械部分》要求执行。

3. 大型起重设备及起重工具

（1）大型起重机械进场前，使用单位必须上报合格证、操作人员证等材料，经过监理单位、建设单位审批后方可进场。

（2）大型起重机械必须按规定取得国家指定部门核发的检验合格证方可使用。

（3）大型起重机械安全装置应定期检查，保证性能、有效期符合要求。

（4）特种设备使用单位应当对其使用的特种设备的安全附件、安全保护装置进行定期校验、检修，并做出记录。

（5）大型起重机械退场时，使用单位应执行退场审批程序。

（6）一般起重工器具。

1）起重工器具应有合格标签及产品说明书。

2）使用前应检查保险装置、绳索磨损情况，无保险装置或磨损超过规定范围的严禁使用。

3）链条葫芦制动器严防沾染油脂。

4）链条葫芦吊起的重物确需在空中停留较长时间时，应将手拉链拴在起重链上，并在重物上加设安全绳。

5）钢丝绳的选用应符合 GB/T 8918—2006《重要用途钢丝绳》中规定的多股钢丝绳。

6）钢丝绳出现下列情况之一，应报废：

a）断丝紧靠在一起形成局部聚集。

b）发生绳股断裂、绳径因绳芯损坏而减小、外部磨损、弹性降低、内外部出现腐蚀、变形、受热或电弧引起的损坏等任一情况。

c）一个捻距内发现两处或多处的局部断丝或断丝数达到规定数值。

4. 中小型施工机械

（1）中小型机械应在显著位置设置安全操作规程和相应安全警示标志，并张贴设备标识牌，实例如图 6-14 所示。

（2）中小型机械操作人员应按要求佩戴相应个人防护用品。

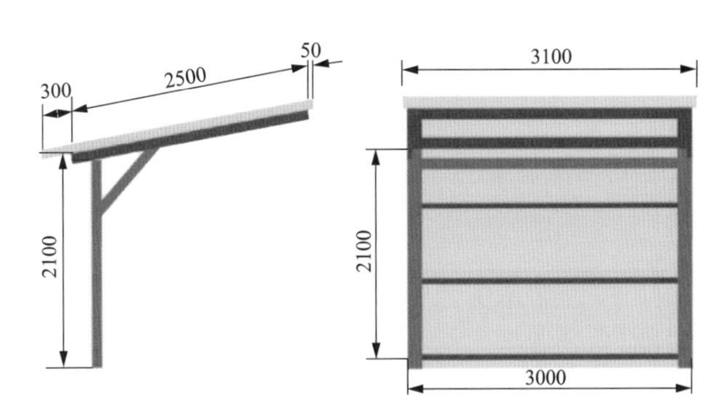

图 6-14 中小型机械防护棚标准图（单位：mm）

（3）搅拌机、空气压缩机、发电机、钢筋加工设备、电焊机、木工机械等在现场露天使用时应制作牢固且美观适用的防雨设施。

（4）钢筋加工机械、木工加工机械应设置就地电源控制箱，并有可靠的接地装置。

（5）以下情况严禁戴手套操作机械：

1）使用木工机械加工短料、节疤木料。

2）用手将钢筋送入钢筋调直机滚筒。

3）手与机械啮合部位距离较近的其他情况。

（6）机具转动部分及牙口、刃口等尖锐部分应设置防护罩，转动部分保持润滑。

（7）机具使用前应进行检查，严禁使用已变形、已损坏、有故障或达到报废期限的中小型机械。

5. 小型工器具

（1）电动工器具。

1）电动工器具每次使用前应检查外壳、保护接地、电气和机械防护装置、电缆线等，保证完好。

2）电动工器具使用前必须张贴工机具检验牌。

3）移动式电动机械和手持电动工具的单相电源线必须使用三芯软橡胶电缆，三相电源线在 TT 系统中必须使用四芯软橡胶电缆，在 TN-S 系统中必须使用五芯软橡胶电缆；接线时，缆线护套应穿进设备的接线盒内并固定。

4）电动工具防护装置应完好，护罩应完整、牢固；操作人员应穿戴好个人防护用品。

5）应根据用途和使用场所选用符合要求的手持电动工器具。

6）在一般场所为保证安全，应当用Ⅰ类工具。

7）露天、潮湿场所或在金属构架上作业必须使用Ⅱ类或Ⅲ类工具。

8）在潮湿或含有酸性的场地上以及在金属容器内使用Ⅲ类绝缘的电动工具时，应采取可靠的绝缘措施并设专人监护。

9）手持电动工具分类见 GB/T 3883（所有部分）《手持式电动工具的安全》。

（2）手动工器具。

1）小型手动工器具应分类存放在专用货架上，摆放整齐，张贴标识。

2）大锤、手锤、手斧等甩打性工具的把柄应用坚韧的木料制作，锤头应用金属背楔加以固定；打锤时，握锤的手不得戴手套，挥动方向不得对人。

3）使用撬杠时，支点应牢靠。高处使用时严禁双手施压。

4）扳手、钢丝钳等小型手动工器具使用时应放置在专业工具袋内，且应有防坠落措施。

6.2.6 电气专用房间与能源站控制室安全管理

1. 电气专用房间

（1）配电间内外要悬挂安全警示标识牌。

（2）配电间内需悬挂应急处置卡。

（3）配电间内不得堆放杂物，需设置挡鼠板。

（4）配电间及其配套设施内不得使用明火，严防火灾发生。

（5）配电间内应配备有足量有效的电气灭火器材。

（6）配电间开关操作地面铺设绝缘垫。

（7）电气配电间应单独上锁或者权限分级，非工作人员未经许可一律不得入内。

2. 能源站控制室

（1）能源站应单独上锁或者权限分级，非工作人员未经许可一律不得入内。

（2）能源站内要实现专网专用，严禁网络串用。

6.2.7 作业安全标准化

1. 钻井作业

（1）钻井区域必须与其他工作区域隔离，使用防护栏隔离。

（2）钻井区域泥浆沟应根据实际需要挖掘，工作期间禁止泥浆流出工作区域。

（3）钻井作业后应及时进行回填或者使用围栏进行隔离，防止无关人员进入。

（4）钻井作业面所有作业人员应能单独断开钻井机器开关。

（5）在对沟槽回填时，应提前准备回填材料。

2. 交叉作业

（1）施工作业前项目部必须对各班组进行班前安全交底。

（2）施工前应对作业的防护器具进行自检，并张贴合格证。

（3）交叉作业时要设安全栏杆、防护棚和示警围栏。

（4）交叉作业中应设专人进行安全巡视和现场安全指挥。

（5）夜间工作要有足够照明。

（6）施工人员必须体验合格，作业时需戴安全帽，不准穿凉鞋、塑料鞋及赤脚。

（7）所有特殊工种操作人员必须持证上岗。

（8）起重吊装作业时，在起吊之前，如果发现行走路线下方有人员施工时，起重工应停止吊装作业，将下方人员撤到安全区域后再进行吊装作业。

（9）火焊、气割作业时，施工作业下方必须设置接火盆或防火布，防止火花四溅烫伤、烧伤下方及周围施工人员。

3. 土石方作业

（1）放坡管理。

1）所有超过1.2m深的沟、坑土方开挖作业，必须根据土质情况按照要求进行放坡，如图 6-15 所示。

2）永久性边坡坡度应符合设计要求，临时性边坡坡度值可参考表 6-2 选取。

3）在边坡上侧堆土（或堆放材料）及移动施工机械时，应与边坡边缘保持一定的安全距离。

（2）基坑安全防护。

1）土方开挖完成一段或一面且深度大于 1m 时，沟或坑的周围应按照临边防护的要求设置围栏，禁止以警戒带、绳、五彩旗替代围栏。

图 6-15 开挖放坡标准检测示例

表 6-2 临时性挖土方边坡坡度值

土质类别		边坡坡度
砂土	不包括细砂、粉砂	1∶1.25～1∶1.50
一般黏性土	坚硬	1∶0.75～1∶1.00
	硬塑	1∶1.00～1∶1.25
碎石类土	密实、中密	1∶0.50～1∶1.00
	充填坚硬、硬塑黏性土	1∶0.50～1∶1.00
	充填砂土	1∶1.00～1∶1.50

注 地质条件良好，土质较均匀，深度在 10m 以内的临时性挖方边坡坡度可参考此表。

2）围栏设双道栏杆，每道间隔 0.6m，立杆埋深 0.2m，地面以上高 1.2m，各钢管间应使用扣件连接或焊接，必要时可设置斜撑加固；围栏距离边坡边沿应大于 0.8m；道路边及截断道路设置的防护栏杆夜间应有足够照明和夜间警示红灯。

3）基坑开挖应使用安全围栏（刷红白相交色标）作安全防护，如图 6-16 和图 6-17 所示，夜间应设红灯警示。

图 6-16 基坑安全防护示例 1

图 6-17 基坑安全防护示例 2

（3）支护管理。

1）临近建（构）筑物、地下管线、道路的基坑施工时，基坑支护要保证基坑周边建（构）筑物、地下管线、道路的安全和正常使用，要保证主体地下结构的施工空间。防雨护坡如图 6-18 所示。

2）在基坑开挖过程与支护结构使用期内，必须进行支护结构的水平位移监测和基坑开挖影响范围内建（构）筑物、地面的沉降监测。

3）采用锚杆或支撑的支护结构，在未达到设计规定的拆除条件时，严禁拆除铺杆或支撑。

4）未做基坑支护措施的深基坑开挖（计划暴露在外一个月以上的），边坡应修饰后用砂浆抹面或采用钢筋做插筋，挂铅丝网用砂浆抹面进行边坡保护，短时间应采取铺设彩条布进行防护；基坑四周采用砖砌挡水沿，砂浆抹面，刷黄黑油漆，四周采用彩砖或混凝土硬化，设置人行便道。

5）基坑周边施工材料、设施或车辆的荷载，严禁超过设计要求的地面荷载限值。基坑支护如图 6-19 所示。

图 6-18　防雨护坡示例

图 6-19　基坑支护示例

（4）安全通道。

1）开挖施工中应设置人员上下基坑通道，上下基坑时应挖设台阶或铺设防滑走道板；若坑边狭窄，可使用靠梯；严禁攀登挡土支撑架上下或在坑井的边坡脚下休息。

2）通道沿边坡设置，水平夹角为 0°～60°，两侧栏杆及挡脚板应按照图 6-26 标示尺寸安装，同时挂设绿网围护；踏步使用木板制作，并设置防滑条。

3）通道定期安排人员清扫和维护，保持干净、整洁、实用。

（5）弃土管理。

1）土石方开挖应有合理的弃土方案和防塌方措施，并保证道路畅通。

2）基坑、沟道开挖出的土方，当天不能回填的宜清理运走（条件允许可就地平整）。

3）土石方装车严禁超高、超载，车厢底部和顶部应铺设防漏苫布，如图 6-20 所示，按照道路两侧限速标志行驶，禁止超载、超速，防止运输时造成“二次污染”。

图 6-20　土方运输车辆示例

4）一般管沟开挖在原则上应采取分段开挖，铺设、连接、防腐、回填，以减少对现场施工和文明施工形象的影响。

5）弃土区应安排有经验人员指挥车辆倒土，夜间施工的指挥人员应穿好反光服。

6）存在高处临边弃土时，应在距离边坡边沿1m处设置挡坎，防止车辆坠落。

（6）土石方堆放。

1）土石方应按规划点堆放，整理成方，堆放高度、坡度应符合相关规范要求，距沟槽（基坑）临边应有一定安全通道。

2）土方宜苫盖，防止土石方流失。

4. 脚手架

（1）基本要求。

1）施工现场只允许使用钢脚手管和木、钢脚手板。脚手架的施工通道应具有双道防护栏杆、挡脚板，如图6-21所示。脚手架与建筑结构之间间隙应铺设安全平网，如图6-22所示。

图6-21 脚手架外立面示例

图6-22 安全网示例

2）所有投入使用的钢脚手管、扣件等在使用前均经抽样检测，逐个检查、除锈、刷漆。脚手架长期使用，应每日进行安全巡查，每月至少全面检查一次，并做好相关记录。

3）人行通道上方脚手架或建筑物外立面施工脚手架、安全通道外侧应设置密目式安全网，提供安全防护。密目网宜设置在脚手架外立杆的内侧。

4）破损的密目式安全网应及时更换。

（2）基础及底座。

1）脚手架立柱不能直接立于地面上，应加设底座或垫板，垫板厚度不小于50mm。

2）脚手架基础应平实、无积水，宜设置不小于200mm×200mm的排水沟，可参照图6-23和图6-24设置。

（3）剪刀撑。脚手架架体应设置连续剪刀撑，每道剪刀撑宽度不应小于4跨，且不应小于6m，斜杆与地面的倾角为45°～60°，可参照图6-25和图6-26设置。

（4）立杆连接。

1）单排、双排与满堂脚手架立杆接长除顶层外，其余各层各步接头必须采用对接扣件连接，如图6-27所示。

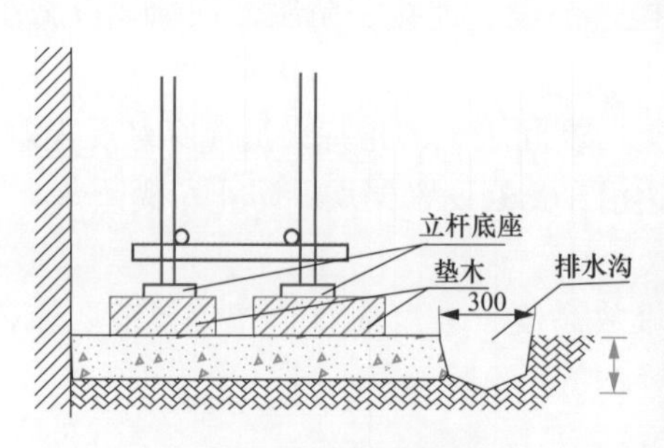

图 6-23　脚手底座标准图

图 6-24　脚手架底座示例

图 6-25　脚手架剪刀撑示例

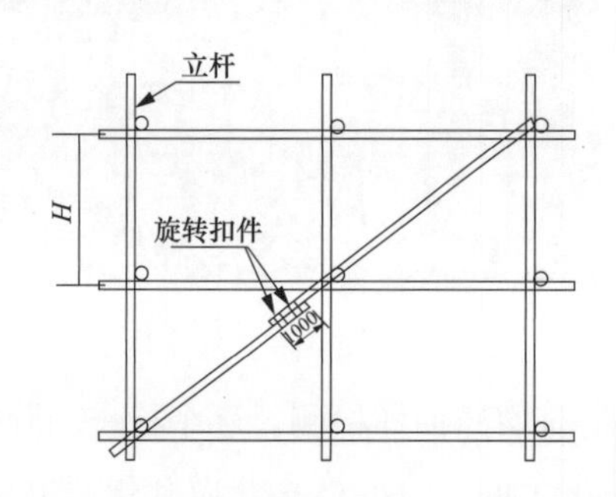

图 6-26　脚手架剪刀撑搭设标准图

图 6-27　脚手架立杆连接示例

2）当立杆采用搭接接长时，搭接长度不应小于 1m，并应采用不少于 2 个旋转扣件固定。

（5）脚手板和连墙件。

1）脚手架施工层应满铺脚手板并绑扎牢固，不得出现浮板、单板。

2）脚手架立杆必须用连墙件与建筑物可靠连接；连墙件与主节点距离不应大于 300mm；24m 以下脚手架可使用柔性连墙件连接，24m 以上脚手架必须使用刚性连墙件与建筑物可靠连接。脚手板铺设可参照图 6-28 和图 6-29。

（6）扫地杆。

1）脚手架必须设置纵、横向扫地杆；纵向扫地杆应采用直角扣件固定在距底座上部不大于 200mm 处的立杆上。

2）脚手架立杆基础不在同一高度上时，必须将高处的纵向扫地杆向低处延长两跨与立杆固定，高低差不应大于 1m；靠边坡上方的立杆轴线到边坡的距离不应小于 500mm，如图 6-30 和图 6-31 所示。

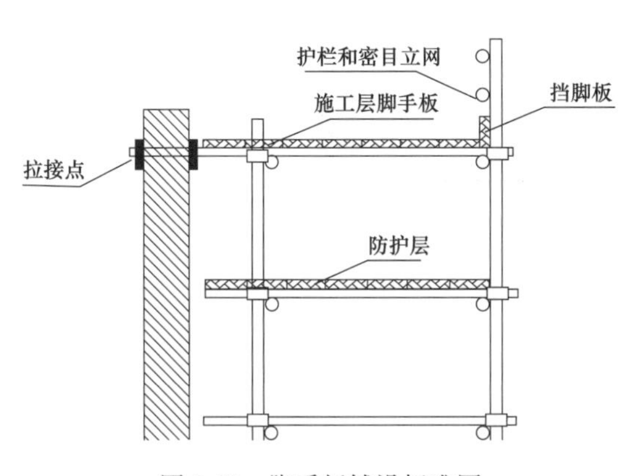

图 6-28　脚手板铺设标准图

图 6-29　脚手板铺设示例

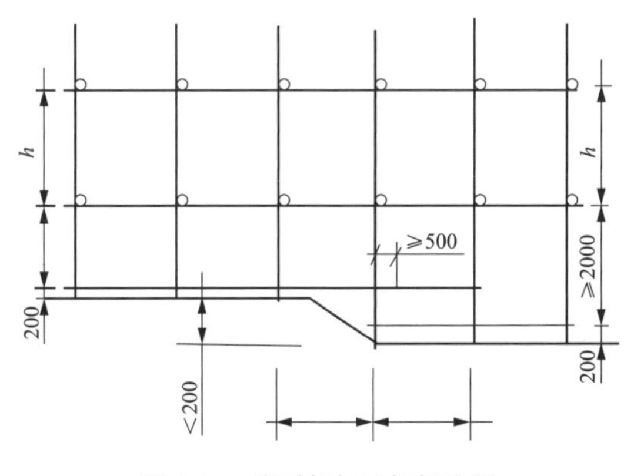

图 6-30　脚手架扫地杆标准图

图 6-31　脚手架扫地杆示例

（7）验收及使用。

1）搭设好的脚手架应经验收合格并挂脚手架验收牌（如图 6-32 所示）后方可使用。

2）脚手架使用期间，严禁拆除主节点处的纵向、横向水平杆和扫地杆以及连墙件等。

3）脚手架应在大风、暴雨后及解冻期加强检查；长期停用的脚手架，在恢复使用前应经检查、重新验收合格后方可使用。

4）严禁将脚手架、承重平台作为重物支点、悬挂吊点、牵拉承力点。

（8）拆除。

1）脚手架拆除应按专项方案施工，拆除前应组织拆除作业相关人员进行安全技术交底。

2）脚手架拆除作业必须由上而下逐层进行，严禁上下同时作业；连墙件必须随脚手架逐层拆除，严禁先将连墙件整层或数层拆除后再拆脚手架；分段拆除高差大于两步时，应增设连墙件加固。

图 6-32　脚手架验收牌示例

3）卸料时各构配件严禁抛掷至地面。

4）脚手架拆除作业应安排专人监控，设置警戒带和警示标志，警戒范围应符合 GB/T 3608—2008《高处作业分级》中坠落半径要求。

5）当有六级及以上强风、雾霾、雨或雪天气时应停止脚手架、承重平台搭拆作业。

5. 起重吊装作业

（1）吊装作业准备。

1）起重作业前要进行充分的准备工作，吊装作业、起重机械安装、拆卸作业应按照《危险性较大的分部分项工程安全管理规定》（建设部令第 37 号）进行方案的编审批；特重吊装、大件吊装、特殊吊装作业、双机抬吊、负荷试验、拆装交底及关键工序工艺等作业必须有旁站监督和监理。

2）对相关人员进行安全交底、教育；对起重机械和吊索具进行安全检查确认，确保处于完好状态。

3）对吊装区域内的安全状况进行检查（包括吊装区域的划定、标识、障碍、警戒区建立等）。

4）吊装作业吊车站位区域应由第三方土工实验室进行现场地基承载力和平整度的检测，确保地场地条件满足吊装需求。

5）正确佩戴个人防护用品；预测可能出现的事故，采取有效的预防措施，选择安全通道，制定应急预案。

（2）吊装作业过程控制。

1）起重指挥必须按规定的指挥信号进行指挥，其他作业人员应清楚吊装方案和指挥信号；起重指挥应严格执行吊装方案，发现问题应及时与方案编制人员协商解决。

2）正式起吊前应进行试吊，试吊中应检查全部机具受力情况，发现问题应先将工件放回地面，故障排除后重新试吊，确认一切正常，方可正式吊装。

3）吊装过程中，任何人不得擅自离开岗位。

4）起吊重物就位前，严禁解开吊装索具；任何人不准随吊装设备或吊装机具升降。

5）在吊装作业范围内应设警戒区并设明显的警示标志，严禁非工作人员进入、通行。

6）吊装机械必须有良好的接地和接中性线保护。

7）不得在大风、雨、雪、雾天气时进行吊装；在吊装过程中，如因故中断，必须采取安全措施，不得使设备或构件悬空过夜或长时间滞留在空中。

8）起吊大件或不规则组件时，应在吊件上拴以牢固的溜绳。

9）采用双机抬吊作业时应选用起重性能相似的起重机进行；抬吊时应统一指挥，动作应配合协调，载荷应分配合理，起吊重量不得超过两台起重机械在该工况下允许起重量总和的75%，单机的起吊载荷不得超过允许载荷的80%；在吊装过程中，两台起重机的吊钩滑轮组应保持垂直状态。

10）在吊装作业过程中，人员、吊车、场地条件、自然条件、方案计算等必须严格按照法律法规、标准和规范、起重机械说明书和操作手册要求执行，确保吊装作业安全可控。

11）起吊时应确认重物上设置的起重吊挂连接处是否牢固可靠，吊具不得超过额定起重量，吊索不得超过其最大安全工作载荷；作业过程中不得损坏吊具、索具、必要时应在吊重物品与吊具、索具间加保护衬垫。

12）起重机在电线下进行作业或在电线旁行驶时，构件或吊杆的最高点，与电线之间水平或垂直距离，应符合安全用电的有关规定。

13）起重机与架空线路边线的最小安全距离见表6-3。

表6-3　　起重设备（包括起吊物件）与线路（在最大风偏时）的最小间隔距离

电力线路电压等级（kV）	<1	1～20	35～66	110	220	330	500
与电力线路在最大风偏时的最小间隔距离（m）	1.5	3.0	4.0	5.0	6.0	7.0	8.5

（3）吊装作业完毕。

1）将吊钩和起重臂放到规定的稳妥位置，所有控制手柄均应放到零位；对使用电气控制的起重机械，应将总电源开关断开。

2）将吊索、吊具收回放置于规定的地方，并对其进行检查、维护；对接替工作人员，应告知设备、设施存在的异常情况；对起重机械进行维护保养时，应切断主电源并挂上标志牌或加锁。

（4）检查、使用保养。

1）设备安装前应开展安全检查和维护。安全检查和维护包括：检查设备各主要机构性能的完好性，检查主要钢结构和连接件及其销轴、螺栓的可见缺陷；检查设备表面的防腐情况，并形成记录且出具安装意见；设备运行检查应按照设备说明书要求开展并做好记录。

2）起重吊装设备应由专人保养维护。设备交付使用后，日常保养应由设备操作人员或使用单位专职人员负责，安装维保单位对日常保养内容负有监督和检查的义务；巡视设备各部分，确认各部位是否正常，按规定加油润滑，注意机械运转声音是否正常，做好清洁工作和交接班工作，以达到设备外观整洁、运转正常的目的；日常保养记录和交接班记录要制成固定表格，签名存档并作为档案管理；厂家的保养应该按照起重机使用手册要求执行。

3）起重机在磨合期内使用，应加强操作人员培训，减轻负荷，注意检查，强化润滑。

4）使用单位应定期组织人员对吊具进行安全检查，如发现吊索、吊具有老化、断股、撕裂等现象时，应立即停止使用，并进行报废处理。

（5）注意事项。

1）每台起重机必须在明显的位置标示额定起重量。

2）工作中，严禁在起重吊装作业半径范围内和吊臂下站人；严禁用吊钩运送人。

3）特种设备操作人员（起重机司机、起重作业指挥和司索等）必须持证上岗：严禁酒后上岗。

4）作业过程中操作人员必须精神集中，严禁与起重司机和指挥人员闲谈，指挥作业用语要规范。

5）车上要清洁干净，不许乱放设备、工具、易燃易爆及危险品。

6）起重机不允许超负荷使用。

7）起重机吊钩严禁补焊。

8）不允许用碰触限位开关作为停车的办法。

9）升降制动器存在问题时，不允许升降重物。

10）起重机械要做好防雷接地；起重机械作业人员上岗前应做好安全交底和安全培训并应穿戴绝缘鞋等劳动防护用品；起重作业应全过程做好旁站。

11）吊钩处于下极限位置时，卷筒上必须保留有 3 圈以上的安全绳圈。

12）要定期做安全技术检查，做好预检预修工作。

13）起重机操作人员应严格遵守起重机说明书的相关要求，如有异常应及时上报。

6. 高处作业

（1）高处作业是指在距坠落高度基准面 2m 及以上有可能坠落的高处进行的作业；高处作业遵守 JGJ 8020—2016《建筑施工高处作业安全技术规范》规定，技术人员在编制高处作业的施工方案中应进行风险分析，制定安全技术措施。

（2）高处作业应设置牢固、可靠的安全防护设施；作业人员应正确使用双钩五点式安全带、自锁器、速差自控器（导向式防坠器）等劳动防护用品。

（3）高处作业的平台、走道、斜道等应装设防护栏杆和挡脚板，设防护立网。

（4）当高处行走区域不便装设防护栏杆时，应设置手扶水平安全绳和安全平网。

（5）手扶水平安全绳宜采用带有塑胶套的纤维芯 6×37＋1 钢丝绳；钢丝绳端部固定和连接应使用绳夹，绳夹数量不应少于 3 个；钢丝绳固定高度应为 1.1～1.4m；钢丝绳固定后弧垂不得超过 30mm。

（6）悬空作业应使用吊篮、单人吊具或搭设操作平台，且应设置独立悬挂的安全绳，安全绳应拴挂牢固；索具、吊具、操作平台、安全绳应经验收合格后方可使用。

（7）高处作业应根据物体可能坠落的范围设定危险区域；危险区域应设围栏及“严禁靠近”的警示牌，并设置外挑网，严禁人员逗留或通行。

（8）在五级及以上大风、暴雨、雷电、冰雪、大雾等恶劣天气，不得从事露天高处作业。

（9）临时堆放的物料离楼层边沿不应小于 1m，堆放高度不得超过 1m；楼层边口、通道口、脚手架边缘等处，严禁堆放物件。

（10）有职业禁忌症者不得从事高处作业。

7. 动火作业

（1）动火作业人员必须经过动火作业培训授权，电焊工等特种作业人员必须持证上岗；

任何动火作业都必须取得动火许可证，严禁无证、动火过期或超范围动火。

（2）动火作业前须清理周边易燃、可燃物，采取有效封闭隔离措施。

（3）动火作业时应设置消防灭火器材，必须设专人监护。

（4）在风力超过五级时禁止露天进行焊接或切割作业。

（5）禁止在装有易燃物品的容器或盛装过易燃物品而未进行有效处理的容器上进行动火作业。

（6）氧气乙炔瓶应垂直放置并固定，气瓶间距不得小于8m，距离动火点不得小于10m。

（7）动火作业不得与危险化学品作业交叉施工。

（8）动火作业结束后，必须对周围现场进行确认，在确认无任何火源隐患的情况下，方可离开现场。

（9）在水泥地面、平台格栅、高处进行焊接、打磨、切割工件等作业时，应有防止火星溅溢的隔离措施。

（10）根据现场作业点的实际情况可采取防火毯、防火布、防火挡板及接火盆等不同形式的防火措施。

8. 有限空间作业

（1）热力相关工程项目的有限空间主要有井室、地沟、隧道、顶管作业区等。

（2）有限空间作业前应根据风险评估情况，制定施工方案，明确控制措施及应急措施。

（3）有限空间作业人员必须经培训合格，作业时应佩戴合适的个人劳动防护用品。

（4）开展有限空间作业必须办理作业许可后方可实施作业。

（5）有限空间作业必须配备应急设备，配备专职监护人员。

（6）进入有限空间作业前必须进行自然通风，必要时采取强制通风。

（7）有限空间作业过程中应定时进行气体检测，并留存监测记录。

（8）照明电压不大于36V，在潮湿、狭小空间内作业电压不大于12V。

（9）有限空间作业过程中，监护人员应与作业人员保持沟通联系，时刻掌握作业状况；有限空间作业时，必须进行人员、物品的出入登记，作业结束后，进行人员与物品清点。

9. 大件运输

（1）工程建设项目的大件运输应制定专项运输方案和安全措施；安全措施由运输单位制定并报建设单位及监理单位备案；运输单位必须确保设备运输全过程安全措施严格落实，运输超限设备、物件时运输方案应经交通管理部门审核并办理通行手续。

（2）在大件设备起运前，施工单位及运输单位应认真勘察运输路线，对不满足运输条件的道路进行改造；场内运输道路应根据设备厂家提供大件的具体尺寸、重量来确定路面承重、转弯半径、路宽、坡度等要求的改造，必要时应进行空载通行或模拟试验。

（3）运输桁架、桥梁预制构件等超长设备时，外侧弯道的设备尾处不得有电缆杆、灌木、房屋、公路护栏（墙）等障碍物；转弯半径过小的弯道应按设备运输最小转弯半径要求进行改造，并做好安全标识。

（4）运输桁架、桥梁预制构件等超长设备时，运输车辆后部必须有专人监视，使用对讲机与运输车司机不间断通信。

（5）大件运输过程中，应注意保持行车速度稳定，尽力防止较大冲击和振动；载重车辆的总重量应小于道路沿途的桥梁、隧道、涵洞的最高承载能力，通过沿途各个桥梁、隧道、涵洞时，必须听从当地路桥管理部门人员的指挥。

（6）大件运输车辆在市区进场道路行驶时，应安排有专人或专车开道，注意观察前方和两侧的安全情况；尤其是存在涵洞、隧道等风险区域，必须有专人负责监护，保障人身及车辆、运输设备安全。

（7）大件运输车辆需要牵引时，牵引配合车辆与大件运输车辆之间应可靠连接，牵引用的钢缆或牵引杠以及挂销、挂钩等必须提前检查无误，两车联系指挥步调一致；车辆牵引过程中，任何人员不得处于两车之间的空挡处；需装设或拆除牵引时必须待两车停稳，制动正常且牵引设施已不承力后方可进行。

（8）大件运输车辆到达指定卸车点，应有专人检查验收设备，验收合格后由专业起重人员指挥卸车；在吊车等起重设备未做好卸车准备前，任何人不得擅自松解固定钢丝绳或固定螺栓。

10. 消防管理

（1）建设单位应制定消防管理制度和火灾应急预案，建立施工现场消防管理网络，管理网络应包括各参建单位；监理单位应制定消防安全监理细则；施工单位应当制定火灾现场处置方案并在施工现场建立消防安全责任制度。

（2）各参建单位应定期组织开展消防安全检查，发现隐患限期整改；重要节假日或大风等特殊季节，还应根据实际情况组织相应的专项检查或季节性检查。

（3）各参建单位应定期开展消防宣传教育和培训，定期培训灭火器材使用方法，并列为每年安全培训考试的重点内容；施工单位必须将火灾风险、防范措施和应急处置措施作为施工人员入场安全教育和作业安全交底的内容，留存相关记录。

（4）施工现场应制定用火、用电、使用易燃易爆材料等各项消防安全管理制度和操作规程；确定各作业点消防安全责任人，建立志愿消防队，定期开展灭火及应急疏散的演练；设置专用消防通道、配备足够的消防设施和灭火器材，设置有消防提示牌，公布报警电话和紧急联系电话。

（5）临时用房、临时设施的布置应满足现场防火、灭火及人员安全疏散的要求，在防火间距内严禁存放易燃材料、油品等，动火作业必须严格履行审批手续；动火作业现场必须明确消防监护人，监督消防措施落实并及时处置火情。

（6）施工现场严禁烟火，作业前应检查确认无人违规携带火种；严格作业机具及电动工器具管理，严禁漏油、电气线路绝缘老化破损的机具入场，进入现场的机动车、柴油机、打桩机等燃油车辆设备排气（烟）孔须加装防火罩；作业后离场必须可靠切断电动工器具、作业机具的电源及启动控制源。

（7）消防重点部位管理。热力工程项目建设现场消防重点部位主要有：焊接作业区、预制直埋保温管堆放区、移动式发电机区域等。

1）消防重点部位应建立岗位防火责任制和消防管理制度，落实消防管理责任，做到定点、定人、定任务。

2）应有明显位置悬挂消防重点部位标牌。

3）按照GB 55036—2022《消防设施通用规范》配置消防设施和器材，设专人保管，并定期组织检验、维修、更换、增补，确保消防设施和器材完好、有效。

4）重点消防部位动火时，必须办理《动火许可证》及严格执行防火措施，配备专人进行动火作业安全监护。

11. 临时用电

（1）施工临时用电总体要求。

1）施工临时用电时电缆需使用电缆桥架或临时桥架，禁止拖拽电缆或将电缆浸入水中。

2）临时电缆应用围栏遮挡，设置警示标识牌，防止无关人员靠近。

3）临时配电盘柜需设置责任牌。

4）临时用电设备在5台及5台以上或设备总容量在50kW及以上时，应编制临时用电施工组织设计；施工现场临时用电设备在5台以下和设备总容量在50kW以下者，应制定安全用电和电气防火措施。

5）涉及临时用电组织设计或变更时，必须履行“编制、审核、批准”程序，由施工单位电气工程技术人员组织编制，经企业技术负责审核，并报监理公司项目总监理工程师审批后实施，变更用电组织设计时应补充有关图纸资料。

6）临时用电工程必须经编制、审核、批准部门和使用单位共同验收，确认合格后方可投入使用。

7）工程现场临时用电必须按照JGJ 46—2005《施工现场临时用电安全技术规范》执行操作，电工必须持应急管理部门颁发的特种作业资格证方可上岗作业。

8）相线、工作中性线、保护中性线的颜色标记必须符合以下规定：相线（A）（B）（C）的颜色依次为黄、绿、红色，工作中性线为淡蓝色，保护中性线为绿/黄双色线，任何情况下上述颜色标记严禁混用和互相代用。

9）临时用电必须建立安全技术档案，并应包括下列内容：

a. 用电组织设计的全部资料；修改用电组织设计的资料。

b. 用电技术交底资料；用电工程检查验收表。

c. 电气设备的试验、检验凭单和调试记录。

d. 接地电阻、绝缘电阻和剩余电流动作保护器漏电动作参数测定记录表。

e. 定期检（复）查表；电工安装、巡检、维修、拆除工作记录。

（2）低压盘柜。

1）低压配电盘柜应远离易燃、易爆、腐蚀、撞击、腐蚀、振动等不良场所，配电盘柜前道路畅通，严禁堵塞；配电盘柜、开关箱应有名称、用途、编号、分路标记及系统接线图、责任人牌等。配电盘柜标识如图6-33所示。

2）配电盘柜的进口、出线口应在盘体的下底面，进口、出线口应加绝缘护套并成束卡固在箱体上；配电盘柜进线、出线应采用橡皮护套绝缘电缆，不得有接头；盘内导线应整齐、美观，盘内严禁有裸露带电部分；电源盘柜宜采用二层门防护，维护专用门必须加锁，严禁敞开。

3）配电盘柜应由专业供电班组管理，按有关规定要求定期全面检查，每周至少检查一次；剩余电流动作保护器、重复接地应按有关要求进行检测，检测周期不应大于3个月，并贴检验标识；检查和检测记录应作详细记录。

4）机械设备，如吊车、混凝土搅拌机等大中型机械必须设置专用的电源盘柜，做到“一机一箱一闸一保护”，如图6-34所示；配电盘柜设置在危险区域内时应搭设隔离防护棚，如图 6-35 所示。

图 6-33　配电盘柜标识示例

图 6-34　“一机一闸一保护”示例

(a) 总配电箱防护棚

(b) 二级盘防护棚

图 6-35　配电盘柜防护棚示例

（3）便携式电源盘。

1）便携式电源盘由支架、侧面板、卷筒、电缆、单相双极漏电开关、插座等部分组成。

2）便携式电源盘限 2kW 以下单相负荷使用；便携式电源盘采用插座或端子接电源时，均应将电缆端头固定。

3）便携式电源盘应按要求定期检验，测试剩余电流动作保护器和外壳绝缘电阻，时间间隔不大于 3 个月，测试应做好记录，检测合格后贴检验合格证。

（4）移动式照明。

1）移动式照明灯适用于局部场地施工照明，如图 6-36 所示。

2）灯架应放置平稳，支架固定牢固；移动式照明灯应设置行灯变压器，使用安全电压；照明灯应满足防雨要求；灯架应与接零保护线连接良好，灯具绝缘良好，应设专人定期进行检查和维护；照明灯放置的位置适当，不影响施工和通行。

12. 作业条件变更安全管理

（1）当作业工序、工艺、特种设备、作业环境（包括天气状况）发生变化时，应立即停止作业，并报告建设单位。

（2）建设单位、监理单位应督促和组织施工单位进行安全风险分析、评估论证；施工单位应完善或重新编制施工方案，履行审批手续并组织安全技术交底。

图 6-36 移动式照明示例

13. 停复工安全管理

(1) 国家节假日期间，施工单位在停工前应制定停工安全管理方案和工作清单（包括留守人员），报建设单位、监理单位备案，并由其进行监督、确认后方可实施停工；停工期间应重点做好各类外源（电、水、热、气等）的安全管理，留在场内的各类机械设备应切断外源，各类车辆应停放在指定位置，闭锁驾驶室门窗。

(2) 停工现场应做好防风、防雨雪、防冰冻、防火、防盗等各项安全措施，值班留守人员应管理到位，通过现场安全巡视和视频监控的方式确保各项安全措施完整齐备，如发现异常应立即上报处理。

(3) 施工单位应按照建设单位批准的时间按时复工；复工时，建设单位、监理应组织开展复工检查和许可，重点对返场人员身份及其规定的年龄、健康状态、安全培训、作业资质等人员信息进行核实，检查现场施工机械和安全设施，进行入场人员安全培训、安全技术交底和专项方案审核。

(4) 因施工区域内存在习惯性违章、装置性违章等可能导致人员伤亡、职业病、设备损坏或环境污染的情况，作业环境、条件、内容发生变化、实际作业与作业计划发生重大偏离、发现重大安全隐患或紧急情况时，建设单位、监理单位应立即暂停该施工，并要求进行整改。

(5) 停工令可以口头通知或下达，但应在 12h 以内由监理单位或建设单位下发正式停工令；收到停工令，相关施工单位必须立即停止工作，撤离施工现场并不得私自擅入；被停工单位必须与建设单位、监理单位及时沟通，确保其全面理解停工令要求，并及时采取纠正活动。

(6) 安全隐患或存在的问题得以解决后，被停工单位必须填写复工许可申请单并将其上报监理单位、建设单位进行验证；收到复工许可申请后，监理单位、建设单位应共同验证已采取的纠正措施是否全部落实到位，施工现场安全隐患是否已消除，验证合格经批准后准予复工。

14. 野外作业

(1) 野外防雷。

1) 快速跑向低地；离开高树或密叶树林。

2）离开铁塔，去除身上金属物。

3）不要多人集中在一起，要分散开。

4）附近有小屋，躲入屋内，但不要靠墙，雷击时，会经过墙壁传电到地面。

（2）防中暑。

1）各单位应做好防高温中暑培训，夏季应给现场工人配发清凉饮料，如绿豆汤、金银花、板蓝根等。

2）各单位应合理安排作业，避开高温时段。

3）当工作环境温度超过40℃时，应停止作业。

（3）野外工具参照。

野外工具包括指北针、雨衣、帽子、手套、水壶、哨子、小刀、手电筒、垃圾袋、卫生纸、打火机、食具、食品、药品、望远镜、照相机、毛巾、药箱、手杖、竹棍、小铁锹等。

6.2.8 设备材料存储

1. 总体要求

（1）施工规划阶段，应对设备和原材料堆放场地进行合理规划，将原材料存放区域、加工区域与施工、办公及生活区域进行分隔，严禁设备和原材料存储区域内居住人员。

（2）施工现场工具、构件、材料的堆放必须按照总平面图规定的位置放置。

（3）各种材料、构件堆放必须按品种、分规格堆放，并设置明显标志。

（4）各种物料堆放必须整齐，砖成丁，砂、石等材料成方（砖、模板等材料严禁超过1.6m），大型工具应一头见齐，钢筋、构件、钢模板应堆放整齐用木枋垫起。

（5）易燃易爆物品不能混放，除现场集中存放处外，班组使用的零散的各种易燃易爆物品，必须按有关规定存放。

2. 设备材料定置存放要求

（1）设备材料露天存放区域应对区域规划并进行定制化管理。

（2）区域内应搭设隔离安全围栏，设置管理责任牌和定置平面图，区域内应有运输通道，满足设备和材料运输要求：区域内设备材料应排放有序、码放整齐成形、安全可靠；每类材料、设备应设置标识牌，标明名称、规格型号等。

（3）场内应有排水设施和消防设施，应有满足夜间作业的照明设施。

3. 设备材料地面存放要求

（1）设备材料应分类摆放且码放整齐、美观，具体如图6-37和图6-38所示，靠通道或外面一侧要成一直线，并设置标示牌。

（2）对可能存在倾倒的设备、材料要采取可靠的安全措施。

4. 设备材料架上存放要求

（1）堆放架上各种材料应摆放整齐、标识清楚、表面清洁。

（2）堆放架应牢靠稳固，松动倾斜不得使用，具体如图6-39和图6-40所示。

5. 设备材料库房存放要求

（1）物资库包括库房、周转性材料库等。库房必须设置合理安全通道，安全通道严禁堵塞；有车辆出入的仓库，其主要通道的宽度不得小于2.5m；库房内货架应统一颜色并刷漆，各类货架应编号并标明材料类别，货架上材料应摆放整齐，材料标签应清晰整齐；周转性材料库内各种材料应分类摆放整齐，材料标签应清晰整齐。

图6-37 钢模板存放示例

图6-38 木模板存放示例

图6-39 脚手架存放示例

图6-40 钢筋存放示例

(2) 设备材料库房：库房可采用彩板结构，围墙采用铁艺型式或浸塑钢网板结构，并设置大门及门卫室，门卫室结构同库房，门垛上有标识；院内采用混凝土道路，其他区域可采用碎石覆盖；采用灯塔照明，光线充足。材料场地摆放整齐，标识清楚醒目，各种材料、设备摆放整齐、标识清楚、分类正确、废旧物资集中存放、及时处理，如图6-41所示。

(3) 库房入口应设置平面布置图和应急联络体系牌，以及消防标志牌、相应的消防器材等。

图6-41 设备材料库房示例

6. 班组工器具存放要求

（1）工具房应集中摆放，整齐美观，如图 6-42 所示；房内各种工器具和索具等应挂牌标识、摆放整齐、表面清洁，并设专人管理。

（2）房库内工器具应及时检查和保养，不合格工器具应清除。

图 6-42　班组工器具存放示例

7. 主要设备存放要求

（1）给水用 PE 管材要求。

1）现场 PE 盘管存放时应防止暴晒、雨淋，露天存放应用苫布覆盖。

2）现场 PE 盘管堆放地点使用围栏隔离，并悬挂标志标识牌及责任牌等相关信息。

3）堆料场地应平整，无杂物积水，并有足够的承载能力。

4）堆料时应对地面进行清扫，保证地面无尖锐物品留存，如图 6-43 所示。

5）物料堆放地点应远离火源和热源，堆放地点应存放一定的消防器材。

（2）预制直埋保温管保管要求。

1）场地应平整，无杂物积水，并有足够的承载能力。

2）同规格预制直埋保温管应码放在一起，标明规格和数量，码放最大高度 1.5m。

3）保温管材在存放时应防止暴晒、雨淋，露天存放应用苫布覆盖，如图 6-44 所示。

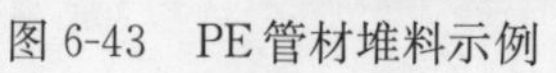

图 6-43　PE 管材堆料示例

图 6-44　预制直埋保温管保管示例

4）施工涉及的化工原料，应按易燃品分别隔离存放在通风阴凉的库房内，并远离火源和热源；冬季存放温度不低于 10℃。

5）管材堆放时，必须用木垫垫起，木垫块宽应大于 150mm，长应大于 100mm；同规格管直放在一起，从地面开始，逐层放垫块，每层放置垫块数量：管长 12m 时，1～3 层为 4 块，4 层为 3 块；管件应用木板垫底排列放置。

（3）阀门保管要求。

1）把阀门放在室内，保持室内干燥通风，通路两端必须用蜡纸或塑料片封堵，以防进入杂物。

2）大小阀门要分开存放，小阀门可放在货架上，大阀门在库房地面排列整齐，同时保证法兰连接面未接触地面。

3）准备长期存放的阀门，为避免产生电化学腐蚀，损坏阀杆，应取出石棉填料存放。

4）阀门的保管如果在室外，一定盖上防雨防尘的物品，如苫布、油毡等。

6.2.9 临建设施管理

1. 办公区

（1）办公区临建房屋宜设置在施工区围墙外，并与施工区域分开隔离、围护；隔离区内应绿化或硬化，提供车辆停放场所。

（2）办公区区域屋顶颜色应统一。

（3）办公区临建房屋的建筑构件的燃烧性能等级应为A级。当采用金属夹芯板材时，其芯材的燃烧性能等级应为A级。

（4）办公区大门、部门铭牌、会议室背景墙等参照《国家电投视觉识别系统》B-3环境系统。

（5）办公区消防管理应符合GB 50720—2011《建设工程施工现场消防安全技术规范》要求。

（6）办公区临时用电管理应符合GB 50194—2014《建设工程施工现场供用电安全规范》要求。

（7）办公区内应放置急救药箱，药箱内应存放急救药品与工具，应对物品的有效期定期进行检查，及时更换过期物品。

2. 生活区

（1）总体要求。

1）临建房屋为活动彩钢板房、砖石砌体房（粉刷成白色或天蓝色）或集装箱式房屋，禁用石棉瓦、竹跳板、模板、彩条布、油毛毡、竹笆及工程装置性材料搭建；临建房屋的建筑构件的燃烧性能等级应为A级；当采用金属夹芯板材时，其芯材的燃烧性能等级应为A级；受条件限制无法自建生活区或租房的工程现场可使用活动式帐篷，但必须做好冬季保暖措施，帐篷内严禁使用明火取暖。

2）生活区与施工作业区应分开设置，分区围护；主要道路、给排水必须规范建设，并设有统一的垃圾箱，由专人保洁维护，做到环境整洁、卫生。

3）生活区消防管理应符合GB 50720—2011《建设工程施工现场消防安全技术规范》要求。

4）生活区临时用电管理应符合GB 50194—2014《建设工程施工现场供用电安全规范》要求。

5）生活区应设置绿化带、娱乐设施、宣传栏等内容。

（2）宿舍要求。

1）主要入口、道路及重点部位应挂设统一的标示标牌并配置宣传栏或宣传条幅，宣传安全生产和文明施工。

2）宿舍应有良好的居住条件，应设置良好的保暖和防暑措施，室内应保持通风与干净整洁，并制定专项管理措施。

3）员工宿舍内床铺和生活用品应放置整齐，室内干净、整洁、卫生；生活区应定期消毒，预防各类传染性疾病，并应有防蚊、蝇、老鼠的措施。

4）严禁在宿舍使用不符合安全性能要求的电器。

5）宿舍区应统一设计各功能区，突出人本理念。

3. 施工现场临建要求

（1）临时饮水点要求。

1）顶部、构架、座椅等均为蓝色。

2）设一次性水杯和供人员休息用的椅子，如图6-45和图6-46所示，饮水箱必须上锁，专人管理，严禁随意打开。

3）应设置于施工人员较为集中的地点，且要远离易燃、易爆施工区域，并派专人进行及时清理。

图6-45　时饮水点示例1

图6-46　临时饮水点示例2

（2）吸烟室（推荐）要求。

1）吸烟室、休息室的立面为白色，顶部为蓝色，如图6-47所示。

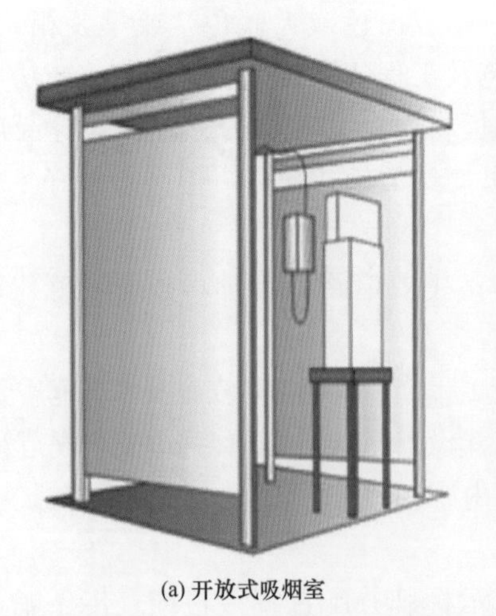

(a) 开放式吸烟室

(b) 封闭式吸烟室

图6-47　现场吸烟室示例

2）吸烟室、休息室内应设人员休息用的椅子，吸烟室还应有烟灰缸。

3）吸烟室、休息室应设置于施工人员较为集中的地点，且要远离易燃、易爆施工区域，并派专人进行及时清理。

（3）厕所要求。

1）厕所布置应纳入施工总平面设计，根据现场的实际情况设置移动干式厕所或固定水冲式厕所。

2）施工区应设置水冲式厕所（缺水及严寒地区可根据实际情况设置适宜的卫生间），如图 6-48 和图 6-49 所示。

图 6-48　现场厕所示例 1

图 6-49　现场厕所示例 2

3）厕所的设计应符合文明、卫生、适用、方便、节水、防臭的原则；位置距离职工最远工作地点不应大于 60m，厕所附近排水系统必须畅通。

4）采用水冲式厕所的，大便蹲位间应实行隔断；室内地面应铺贴防滑地面砖，墙面需贴瓷片，室内设置洗手池，室外修建地下化粪池；厕所建筑面积应根据使用人数按国家规范和相关标准确定。

5）应设置专人负责保洁。

（4）垃圾箱要求。

1）散放垃圾箱应放置于道路两边、设备堆场和办公室、食堂附近，按文明施工管理方案的要求布置，不得随意摆放。

2）散放垃圾箱应根据回收的垃圾种类不同标明“可回收”和“不可回收”等字样。

3）建筑垃圾或废旧物资应设置固定的堆放场所，并有明显标识。

4）垃圾存放应设置统一标识，并由专人管理。

6.2.10　成品保护

（1）施工单位必须制定现场成品保护管理办法及具体保护方案，做好施工、安装、调试至移交前的成品防护和保养；应保持产品及部件外观状态良好、无遗失、各类标识齐全；应进行必要的防尘、防潮、防锈、封口、罩盖和异常气候的临时防护，定期对设备或部件进行检查。

（2）监理单位负责应对承包商的产品防护情况进行日常监督检查，范围应从设备/材料到达现场验收入库起，包括施工、调试、试运行直到移交生产为止的全过程。

（3）建设单位应做好产品防护工作方面的监督、检查和指导。

（4）成品保护措施：

1）建筑及装饰保护措施。

a. 施工区控制点及沉降观测点成品保护：

（a）施工区控制点完成后，周边要加装围栏，并悬挂警示标志；控制点也要加装保护盒，避免控制点被砸伤、撞伤。

（b）各构筑物上的沉降观测点安装后，可以暂时加装临时保护盒，避免沉降观测点碰伤、砸伤导致产生移位。

b. 模板工程成品保护：

（a）预组拼的模板要有存放场地，场地要平整夯实；模板平放时，要有木方垫架；立放时，要搭设分类模板架，模板触地处要垫木方，以此保证模板不扭曲不变形。

（b）保持模板本身的整洁及配套设备零件的齐全，吊运应防止碰撞墙体，堆放合理，保持板面不变形。

（c）拆除模板时按程序进行，禁止用大锤敲击，防止混凝土墙面及门窗洞口等处出现裂纹。

c. 钢筋工程成品保护：

（a）成型钢筋应按总平面布置图指定地点摆放，用垫木垫放整齐，防止钢筋变形、锈蚀、油污。

（b）绑扎墙柱筋时应事先在侧面搭临时架子，上铺脚手板。绑扎钢筋人员不准蹬踩钢筋；底板、楼板上下层钢筋绑扎时，应支撑马凳绑牢固，防止操作时蹬踩变形。

（c）严禁随意割断钢筋；当预埋套管必须切断钢筋时，按设计要求设置加强钢筋。

（d）绑扎钢筋时禁止碰动预埋件及洞口模板。

（e）安装电线管、暖卫管线或其他设施时不得任意切断和移动钢筋；如有相碰，则与技术人员现场协商解决。

（f）浇筑楼板砼时，砼输送泵管要用铁马凳架高 300mm，防止由于过重的泵管压塌板上钢筋。

（g）浇筑柱段混凝土时，要将柱段钢筋缠绕塑料薄膜，机械连接的丝头要全部带塑料帽保护。

d. 混凝土工程成品保护：

（a）重要基础的混凝土梁、柱棱角、混凝土楼梯梯级棱角，应用木模板等材料贴合保护，避免交叉作业造成破坏，并依照施工进度决定是否拆除；设备安装就位时，要特别注意基础混凝土台阶棱角的保护。

（b）因吊装（拖）等其他方面需要捆绑钢丝绳或其他物品对混凝土基础、柱、梁、板进行吊装（拖）等其他方面时，必须采用护角钢进行保护边角；由捆绑钢丝绳或其他物品的施工部门进行保护。

（c）在搭设上层脚手架前或浇筑楼面板前，必须自行采用彩条布等材料遮盖，脚手架必须垫支板或木料。

（d）拆模时应先退出对拉螺栓再拆模，不得随意乱撬，不得碰撞混凝土面，拆模应轻拆轻放；拆模后混凝土成品应立即用塑料膜封严，防止混凝土面被污染；上层浇注混凝土时，模板下口应设挡板，避免水泥浆污染下层混凝土面。

（e）设备基础预留孔（或螺钉盒）拆除后模板必须采用钢盖板或其他材料封堵。

（f）未达到混凝土强度的混凝土路面、基础、柱、梁、平台板等需要用警示牌告示。

(g) 埋件、栏杆等必须在安装前及时涂刷防锈漆。

(h) 基础混凝土浇灌完后表面应覆盖及适当浇水进行保温、养护，养护时间不应小于七天，待混凝土强度达到70%后方可脱模；土方回填时需对基础棱角部分用木模板加以保护，基础周围的回填土夯实采用人工夯填；地面面层施工后应暂时封闭，待达到上人强度并采取保护措施后再开放。

(i) 对已完成的水泥砂浆抹灰工程，应采取隔离、封闭等措施进行成品保护；抹灰施工时，应对预埋件、预留孔、洞等采取相应保护措施；抹灰层未充分硬化前，应防止快干、水冲、撞击、振动和挤压。

(j) 砼墙、板严禁打孔（洞），若需打孔（洞）必须逐级申报，批准后由施工统一安排，方能打洞。

(k) 对于预埋在混凝土中的地脚螺栓应进行相应保护，浇筑前缠塑料薄膜进行保护，浇筑完成后带塑料帽进行防护。

2) 工艺专业成品保护。

a. 设备、构件吊装时，吊装人员要看好吊装路径，并作好防撞击、磕碰的预案及安全保护措施，避免造成设备损坏；吊具位置应按要求生在设备的吊点部位，采用钢丝绳捆绑吊装时，应在设备重心位置布置吊点；承重的钢丝绳与物体棱角直接接触时，应在棱角处垫半圆管、半圆管做防脱的绑扎。

b. 履带式机械在道路行驶时，必须按指定的路线，并由专人负责在履带底部垫路基板，保证不损坏道路。

c. 不得在设备和管道上引弧，随意点焊；在室内高处进行气割、电焊作业时，应对下方的电缆、仪表、设备、管道等在作业层间进行有效隔离。

d. 安装就位的设备装置防护：

(a) 转动设备、成套装置等设备就位后，设备装置上方应搭设隔离平台（脚手管及脚手板），防高空落物。

(b) 坚持“谁施工，谁负责”的制度，各分包或作业队应及时如实记录在相应施工时段的产品保护情况。

(c) 应采用管径合适的塑料管对外置螺栓进行防锈、防碰撞防护。

e. 管道封口防护：

(a) 严禁将焊条、焊丝及其他辅助工具临时放置在管道、管件内，避免遗忘造成管道内留下异物。

(b) 管道组合前或组合件安装前，均应将管道内部清理干净，管内不得遗留任何杂物，并装设临时封堵。

(c) 管道封堵可采用彩条布、橡胶、钢板等，封堵不留空隙，防止异物进入管道；封堵用铁丝或绳子捆绑，钢板可采用卡口式。

(d) 封堵管道施工前应检查封口情况，已破损或掉封口的管道要进行内部清洁度检查后才能施工。

f. 油漆涂刷施工防护：

(a) 油漆涂刷前，采应用统一的收集铁板收集除锈粉尘和滴下的油漆，在已安装就位的设备周围油漆、粉刷时采用塑料布等隔离防范措施，保证不对设备和环境造成二次污染。

(b) 管道及设备保温工作完毕后，若因交叉作业，可采用其他材料（如玻璃丝布）进行保护，防止油漆涂刷或电火焊等工作造成保温护板污染。

6.2.11 各阶段文明施工控制要点

各阶段文明施工控制要点见表6-4。

表6-4　　热力工程建设项目各阶段文明施工控制重点

序号	实施阶段	主要实施内容	执行文明施工标准简述
1	施工准备阶段		
1.1		文明施工总体策划	按照文明施工管理标准进行策划
1.2		文明责任区划分及管理	按照总体策划要求对各分包队伍进行责任区域划分，制作现场文明施工责任区图牌
1.3		现场临建管理	按照总平面布置要求，完成生活区临建工程，同时按照安全标准化设施配置标准对办公区、生活区进行布置
1.4		钢筋加工场	按照总平面布置要求，完成钢筋加工场临建工程，同时按照安全标准化设施配置标准进行布置
2	土方开挖阶段		
2.1		基坑边坡	基坑开挖应按规定的安全系统放坡，并修整齐整；上下通道应能够满足安全规定要求
2.2		基坑临边防护	基坑临边1m处设置应安全统一标准的防护栏杆，并设置挡水沿
2.3		基坑临边堆物	基坑临边防护栏杆内不允许堆放弃土、模板、架板等材料
2.4		土方运输及弃土管理	基坑开挖土方应及时运至指定堆土场，并修整成梯形；运输车辆不允许超载和随地弃土
2.5		安全标识	防护栏杆每隔20～30m设置一块安全标识牌
2.6		运输道路清理	由责任区的责任单位每天对道路进行清扫、洒水、维护
3	安装阶段		
3.1		责任区域划分及标识	根据阶段划分责任区，责任单位设置责任区标准图牌
3.2		组合场标准化管理	设备实现定制化布置管理；区域安全隔离完善并有相应的安全标识
3.3		物料定制化管理	尽可能少堆放物品，如需堆放应按照安装顺序在指定区域摆放相关材料
3.4		起重机械吊装管理	大型起重机械应布置合理，保证行走场地平整，并定期进行维护；吊装作业应有明确的指令和正确的操作；应严格执行吊装作业安全管理规定
3.5		施工机械及工器具管理	对使用的电动工器具应定期进行检查、维护
3.6		安全防护设施管理	应重点就安全围栏、安全网正确使用进行管理
3.7		施工用电管理	施工用电设施应规范、统一、标识；现场临时电缆应采用支架吊挂
3.8		现场防火、防爆管理	使用的气瓶应进行入笼管理，正确使用安全防护用品；切割、电焊作业时应采用隔热毯或相应的隔离措施；现场应配备足够的消防器材
3.9		安全标识、警戒标志管理	按要求设置必要的安全标识
3.10		现场环境卫生管理	应及时清理废铁件、电焊条等杂物，各施工面垃圾应及时进行清理、维护
3.11		现场成品保护管理	应做好油漆、保温及设备的保护，防止二次污染
4	电气、仪表安装阶段		
4.1		防火封堵管理	施工各阶段应对电缆沟和穿墙电缆设置防火包等阻燃措施，按规范放置

续表

序号	实施阶段	主要实施内容	执行文明施工标准简述
4.2		用电消防安全管理	配电室等带电设施应按要求配置灭火器、沙箱等
4.3		安全标识、警戒标志管理	用电设施应有相应的安全警戒标识
4.4		安全隔离管理	带电设施必须采取安全隔离措施
4.5		配电室卫生管理	电气设备用配电室应按电力“五防”[防止误分、合断路器；防止带负荷分、合隔离开关；防止带电挂（合）接地线（接地开关）；防止带接地线（接地开关）合断路器；防止误入带电间隔]要求设置必要的防护措施，并保证环境卫生清洁
5	试运阶段		
5.1		现场环境卫生管理	运行区域保持卫生清洁
5.2		区域隔离及安全保卫管理	施工区和运行区必须采取硬隔离，并有相应提示标识；严防无关人员进入试运区域和乱操作
5.3		设备临时标识管理	提前做好设备临时挂牌工作，防止误操作等
6	项目收尾阶段		
6.1		施工用临时建筑物拆除	按照要求对剩余临时安全设施进行拆除，并堆放整齐
6.2		现场剩余施工物资转移和清场	按照工程竣工移交时间及时清理现场剩余物资
6.3		现场临时占地恢复	对施工期间占用的临时土地恢复至原貌

6.2.12 供热管网工程施工关键点控制

1. 施工测量与监控量测

（1）测量仪器使用过程中禁止离人，严防碰撞，不得将仪器架设在不稳固的基础上及易坍塌的沟槽边，架设仪器的场地应清除杂物；在堤岸上作业时应注意保持安全的距离。

（2）尽量避免在交通繁杂的路口或通道架设仪器，遇有特殊情况时应设专人负责安全监护和疏导交通。

（3）立体交叉作业时应避免高空坠落物体，在高空作业时应系好安全带，出入施工作业面应走安全通道，不得翻越公路护栏或攀爬脚手架。

（4）夜间在道路上作业时测量人员应穿着带有荧光反射标志的作业服。

（5）在泄洪河道中作业时应注意天气变化和上游泄洪的信息。

（6）测量仪器严禁放置在施工隧道内，以免因空气潮湿破坏仪器，引起精度下降，影响工程质量。

2. 土方开挖施工

（1）上下沟槽必须走马道、安全梯，安全梯间距宜为50m。

（2）机械开挖时，应按安全技术交底书要求放坡、堆土，禁止掏挖。

（3）沟槽外围应搭设不低于1.2m的护栏，并应设置明显的警示标志；在沿车行道、人行道施工时，在施工路段沿线要设夜间警示灯，并有专人巡视。

（4）人工挖槽时，堆土高度不宜超过1.5m且距槽口边缘不宜小于1m，沟槽边不得堆放较重杂物，如砖、混凝土管、设备等。

（5）人工挖槽时，严禁掏挖取土。

（6）在繁华路段和城市主要道路施工时，宜采用封闭式施工方式。

（7）在交通不可中断的道路上施工，应有保证车辆、行人安全通行的措施，并设专职安全员。

（8）现场堆放的土方应遮盖；运土车辆应有封闭措施，进入社会道路前应冲洗干净。

（9）对施工机械应经常检查和维修保养，避免噪声扰民和遗洒污染周围环境。

（10）对土方运输道路应经常洒水，防止扬尘。

3. 土方回填施工

（1）所有施工人员进入施工现场必须正确戴安全帽，服从安全员指挥。

（2）应严格按照施工规范和安全操作规程施工，在作业地点挂警示牌，严禁违章操作、野蛮施工。

（3）夜间施工应设置照明设施，并做好各项安全用电；各类电气设备应配备漏电保护装置，应有可靠接地、接零，确保安全生产；非电工不得乱拉线接线，过路电缆应采取安全保护。

（4）实行分级配电，按规范要求设置配电箱及开关箱。

（5）动力配电采用三相五线制的接零、接地保护方式。

（6）使用电动夯必须戴好绝缘手套，穿绝缘鞋。

（7）深沟槽回填时，距沟槽上口线 2m 以内不得堆积材料或放置设备；沟槽四周须设置防护栏杆。

（8）在现况道路附近施工时，应按规定设置交通警示牌、警灯，必要时设专人疏导交通。

（9）运输土方的车辆进出场时，应设专人指挥。

（10）推土机向槽内推土时，应设专人指挥。

（11）施工期间，应定时对道路进行洒水降尘，控制粉尘污染。

（12）待回填的土用密目网苫盖，防止扬尘。

（13）应在现场出入口设清洗设备，对运土车辆进行冲洗或清扫，避免运土车辆污染道路。

（14）如遇四级以上大风，不得进行土方施工。

（15）运输土方的车辆应做好封闭、苫盖。

4. 竖井施工

（1）施工前，必须在施工组织设计中制定抢险预案并备齐应急物资，组建抢险队伍。

（2）进入现场的人员必须正确戴安全帽，高空作业必须系好安全带，不得随意向下抛掷杂物。

（3）特殊工种必须持证上岗，对所有参与施工人员做好安全技术培训和安全交底工作。

（4）为确保工程安全，施工必须设立警示标志和警示牌。

（5）应在施工期间按要求配备足够数量的消防器材。

（6）进行土方作业时，操作人员之间应保持足够的工作面，以免相互碰撞。

（7）电动葫芦必须设安全限位装置，土斗起吊时下方严禁站人，并应设有专人指挥。

（8）机械要有专人负责管理，施工设备通电前，应通知有关施工人员；处理机械故障时，设备必须断电。

（9）应定期检查电源线和设备的电器部件，确保用电安全。

（10）开展喷射混凝土施工作业时，要经常检查出料弯头、送料管、注浆管等管路接头有无磨损、穿洞或松脱现象，发现问题应及时处理。

（11）喷射混凝土和注浆作业人员应按规定佩戴防护用品。

（12）加强对工人进行文明施工教育，不得在施工现场打闹，不得穿拖鞋进入现场；严禁敲击产生噪声，在居民区施工时，优先采用低噪声设备或加装降噪装置，以减少噪声污染。

（13）使用空气压缩机、喷射机、电锯等施工机械时，必须采取降噪、防尘、防污染措施。

（14）应经常检查机械有否漏油，可用油盒、地面铺砂等措施，避免油污土壤。

（15）含油冲洗水经隔油池处理合格后排放，避免污染市政管道。

（16）含油棉纱、手套应集中收集，统一处理。

（17）运输土方车辆应采取封闭措施，防止遗撒。

（18）暂存土应集中堆放在存土区内，并采取覆盖措施。

（19）注浆材料必须使用环保材料。

5. 暗挖隧道初期支护施工

（1）施工前，必须在施工组织设计中制定抢险预案并备齐应急物资，组建抢险队伍。

（2）进入现场的人员必须正确戴安全帽，高空作业必须系好安全带，不得随意向下抛掷杂物。

（3）特殊工种必须持证上岗，对所有参与施工人员做好安全技术培训和安全交底工作。

（4）为确保工程安全施工，应设立必要的标志和警示牌。

（5）在施工期间应按要求配备足够数量的消防器材。

（6）进行土方作业时，操作人员之间应保持足够的工作面以免相互碰撞。

（7）严格控制土方开挖进尺，不得冒进。

（8）隧道掘进应连续作业，因故停止掘进时，应采取临时封闭或支护措施。

（9）应随时注意围岩稳定情况，如发现异常，应及时采取有效措施。

（10）物料吊运应设专人指挥。

（11）机械要有专人负责管理，严禁私自滥用；施工设备通电前，应通知有关施工人员；处理机械故障时，设备必须断电。

（12）应定期检查电源线和设备的电气部件，确保用电安全；隧道内照明电压不得大于24V。

（13）喷射混凝土施工作业时，要经常检查出料弯头、送料管、注浆管等管路接头有无摩擦、击穿或松脱现象，发现问题应及时处理。

（14）喷射混凝土和注浆作业人员应按规定戴防护用品。

（15）应加强对工人进行文明施工教育，不得在施工现场打闹，不得穿拖鞋进入现场；严禁采用铁锹等相互敲击产生噪声；在居民区施工时，优先采用低噪声设备或加装降噪装置，以减少噪声污染。

（16）使用空气压缩机、喷射机、电锯等施工机械时，必须采取降噪、防尘、防污染措施。

（17）应经常检查机械是否漏油，可用油盒、地面铺砂等措施避免油污土壤。

（18）含油冲洗水经隔油池处理合格后排放，避免污染市政管道。

（19）含油棉纱、手套应集中收集，统一处理。

（20）运输土方车辆应采取封闭措施，防止遗撒。

（21）暂存土应集中堆放在存土区内，并采取覆盖措施。

6. 明挖地沟结构施工

（1）进入施工现场必须正确戴安全帽。

（2）吊装作业时，下方禁止站人，要有专人负责指挥，必须待吊装物降落到离地 1m 以下才可靠近，就位支撑好后方可摘钩。

（3）吊运钢筋应加横担，捆绑钢筋应使用双根尼龙吊带。

（4）吊运、搬运、绑扎钢筋时，应注意不要靠近和碰撞电线。

（5）施工照明要充足，不准把灯具挂在竖起的钢筋上或其他金属构件上，导线应架空。

（6）模板要划出专门堆放区，场区内的模板应按规格、型号分区堆放，并设明显的标志。

（7）模板下面不得压有电线和气焊管线。

（8）模板组装或拆除时，指挥拆除和挂钩人员必须站在安全可靠的地方方可操作，严禁任何人员随模板起吊。

（9）使用机电设备前应检查电源电压，必须经过二级漏电保护；设备移动时不能硬拉电线，不能在钢筋和其他锐利物上拖拉，防止割破拉断电线而造成触电伤亡事故。

（10）混凝土振动器使用前必须经电工检验确认合格后方可使用；开关箱内必须装设剩余电流动作保护器，插座插头应完好无损，电源线不得破皮漏电；操作者必须穿绝缘鞋，戴绝缘手套。

（11）存放防水材料等易燃品的库房严禁烟火，并配备充足的消防设施。

（12）盖板装卸车时应选择平坦、坚实的地点，防止车辆滑动。

（13）加强对工人进行文明施工教育，不得在施工现场打闹，防止敲击产生噪声；在居民区施工时，优先采用低噪声设备或加装降噪装置，以减少噪声污染。

（14）使用地泵、电锯等施工机械时，必须采取降噪、防尘、防污染措施。

（15）经常检查机械是否漏油，避免油污土壤。

（16）含油棉纱、手套应集中收集，统一处理。

（17）覆盖物等养护材料使用完毕后，应及时清理并存放到指定地点，码放整齐。

（18）进出施工现场的车辆不得带泥上路。

7. 防水层施工

（1）进入施工现场必须戴好安全帽及防护用具，竖井侧墙防水施工时必须系好安全带。

（2）施工现场严禁吸烟。

（3）现场电闸箱应由专业电工负责，严禁非电工操作；施工机具应由专人负责使用、维护、保管。

（4）施工搭设的操作平台其结构应稳定，并经常进行检查维护。

（5）防水板焊接过程中应安装排风扇，改善作业环境。

（6）做好泡沫衬垫及塑料防水板边角料的回收，严禁随处乱扔、焚烧等。

8. 顶管施工

（1）工作井四周及工作平台孔口必须安装安全护栏，要设置牢固、安全的钢质爬梯方便工作人员上下工作井。

（2）垂直起重运输设备安装前，必须对卷扬机、电动葫芦、倒链等起重设备进行全面检查，设备完好，方可安装；安装后必须进行试吊，吊离地面100mm左右时，必须检查重物、设备安全后，方可进行吊装作业。

（3）起重设备必须由专人检验、安装，操作人员必须持证上岗并遵守安全操作规程。

（4）总电源箱必须安装漏电保护装置，工作井内一律使用36V以下的照明设备。

（5）顶进时，顶铁上方及侧面不得站人，并应随时观察有无异常迹象，以防崩铁。

（6）工作井支护要有专项施工安全技术方案。

（7）严格按照DB11/383—2017《建设工程施工现场安全资料管理规程》中的规定执行。

（8）施工期间产生的污油、污水、废液等应设置专用回收装置，在油压系统下应设隔油层，以免造成污染。

（9）采取降噪措施使机械噪声量控制在允许范围之内，防止噪声扰民。

（10）存储触变泥浆容器的下部需垫沙子，以防渗漏泥浆污染土地；在泥浆配制过程中，优先选用有效、无害的添加剂，减少泥浆中有害成分对土壤的污染。

（11）采用密闭式车辆运土，应在现场出入口处设立清洗设备，对出场车辆进行冲洗，不准带泥上路，以防污染公共道路及扬尘。

9. 管道焊接施工

（1）进入施工现场人员必须正确戴安全帽。

（2）作业人员必须按规定佩戴齐全的防护用品，如有滤光镜的头罩、面罩、防护服、防护手套、绝缘鞋等。

（3）电工、电焊工等特殊工种，持证上岗。

（4）焊接作业区10m范围内不得放置木材、油漆、涂料等易燃物；不能满足时，应采用阻燃物或耐火屏板隔离防护，并设安全标志。

（5）气瓶避免暴晒、电击、碰撞，与施焊点距离不得小于10m；乙炔气瓶必须有防止回火的安全装置。

（6）焊接或切割作业涉及的电气设备引接、拆卸必须由电工操作，严禁非电工作业。

（7）高处焊接作业必须搭设平台，宽度不得小于80cm，其下方严禁站人，不得有易燃、易爆物，并设专人值守。

（8）电焊机应单独设开关，并安装可靠防护罩，电焊机外壳做接中性线和接地保护。一次线长度不大于5m，二次线小于30m，接头处必须连接牢固、绝缘良好，焊把线双线到位，不得借用钢筋、管道、金属脚手架等做回路。

（9）作业场所必须有良好的天然采光或充足的安全照明。

（10）手持式电动工具保护线连接牢固可靠；防止电缆线缠绕在用电设备和其他物体上。

（11）在焊接施工区要挂好红色安全指示灯，主要路口和行人集中区段应派专人疏导交通。

（12）焊接作业必须纳入现场用火管理范畴。

（13）焊接材料的包装箱、盒、袋、纸等杂物应统一回收，集中处理。

（14）焊条头应及时收集，不得乱扔。

（15）焊渣应及时清理，做到工完场清。

10. 直埋敷设保温管道施工

（1）施工前应编制安全交底书，对施工人员进行书面安全技术交底。

（2）吊管时应有专人统一指挥。

（3）夜间施工时应有充足的照明。

（4）应建立安全的用电管理制度，用电设备应由专人负责，电源、电缆应经常检查，防止漏电、破损等。

（5）在施工过程中应可随时对场区和周边道路进行洒水，防止扬尘。

（6）保温后留下的杂物应集中存放，统一处理。

11. 隧道、地沟敷设管道施工

（1）施工作业人员进入施工现场必须正确戴安全帽。

（2）电工、电焊工、起重工等特殊工种应持证上岗。

（3）现场各类配电箱，开关箱均应外涂安全色标，统一编号。

（4）管道吊装时，应设专人指挥，吊索、吊钩应经常检查；吊装前应经过起落试验，确认起吊机具及绳索无问题后，方可正式起吊。

（5）设备、管件等材料的外包装严禁乱扔乱放。

（6）焊接材料的废弃物应及时清理，统一存放。

12. 架空热力管道施工

（1）夜间施工要有充足的照明，应在防护栏杆上挂好安全警灯，高位支架下方路口应派专人疏导交通。

（2）现场各类配电箱，开关箱均应外涂安全色标，统一编号；施工电源、电缆线、配电箱、电焊机等应设专人负责，电源线应作好保护，防止破损。

（3）施工人员及管理人员进入施工现场必须正确戴安全帽，电工、电焊工、司机等特殊工种，应持证上岗。

（4）管道吊装时，应设专人指挥，吊索、吊钩应经常检查吊装前经应过起落试验，确认起吊机具及绳索无问题后，方可正式起吊。

（5）压力容器应有安全、压力表，并避免暴晒、碰撞；氧气瓶严防油脂污染，乙炔气瓶必须有防止回火的安全装置；氧气瓶、乙炔气瓶应分开放置，使用时两者距离不得小于 8m，距操作点的距离不得小于 10m。

（6）在高位支架上焊接作业时，焊接点的正下方严禁放置氧气、乙炔气瓶。

（7）高空作业时，使用的脚手架、吊架、靠梯和安全带等，必须认真检查合格后，方可使用。

（8）进行保温作业时，操作人员必须穿戴防护服装，佩戴口罩。

（9）在施工过程中随时对场区和周边道路进行洒水，防止扬尘。

（10）保温后留下的碎料应集中存放、统一处理。

13. 设备安装施工

（1）检查井一般比较潮湿，施工照明电压不应大于 24V；使用行灯时，应确保灯体与手柄坚固绝缘良好，电源线必须使用橡胶套电缆线。

（2）电焊机应单独设开关，并安装可靠防护罩，电焊机外壳做接零或接地保护。一次线长度不大于 5m，二次线小于 30m，两侧接线应连接牢固，焊把线双线到位，不得借用钢筋、管道、金属脚手架等做回路。

（3）手持式电动工具电缆芯线数应根据负荷情况及其控制电器的相数和线数确定，应确保保护线连接牢固可靠；使用时应戴好绝缘手套，穿好绝缘鞋；在施工时应防止电缆线缠绕在用电设备和其他不安全的物体上。

（4）为保证交通安全，在施工区应挂好红色安全指示灯，主要路口和行人集中区段应派专人疏导交通。

（5）设备吊装时，应设专人指挥；试吊后，应确认机具、绳索无问题后，方可正式起吊。

（6）对废弃物应统一存放，不得乱扔；井室内施工应采取有效的通风措施。

14. 热力站、中继泵站管道、设备及通用组件的安装

（1）中型设备及构件的吊装，应编制专项吊装方案，经审批后实施。

（2）起吊前应在设备上系好溜绳，防止起吊过程中摆动、旋转；立式设备吊装就位后，应确认地脚螺栓拧紧后方可松绳摘钩。

（3）设备卧式组对时，两侧必须垫牢，防止滑动。

（4）吊装管段、管件应捆紧绑牢，回转半径范围内下方不得有人，停放平稳后方能摘钩。

（5）高处作业时，使用的脚手架、吊架、靠梯和安全带等，必须检查验收合格后方可使用。

（6）作业现场应采取封闭措施，在施工过程中应随时对场区和周边道路进行洒水，防止扬尘。

（7）喷涂作业时，操作人员必须穿戴防护服，戴防毒面具。

（8）保温后留下的碎料应集中存放、统一处理。

（9）热力站必须由有专业资质的单位进行噪声与振动控制的施工。

（10）热力站噪声与振动控制应符合现行 GB 22337—2008《社会生活环境噪声排放标准》、GB 12348—2008《工业企业厂界环境噪声排放标准》及 GB 3096—2008《声环境质量标准的规定》。

15. 防腐、保温工程施工

（1）涂料应密封保存，放置于通风阴凉处，应严禁暴晒、远离火源。

（2）人工除锈的操作人员应按规定戴口罩、眼镜、手套等劳动保护用品。

（3）涂料防腐作业时应避免皮肤直接接触涂料，作业人员必须按规定佩戴防护镜、口罩、手套等劳动保护用品。

（4）稀释剂、固化剂等易燃、易爆化学物品，必须单独存放，不得与其他材料混放。

（5）喷涂作业人员应位于上风向，当风力达五级（含）以上时，应停止施工。

（6）手持机具喷涂时出现故障或喷头发生堵塞，必须立即停机、断电、卸压，方可处理。

（7）玻璃纤维防腐、保温作业时作业人员的衣领、袖口、裤脚还应采取防护措施。

（8）采用除锈机除锈作业时，应根据环境状况采取防噪声、降尘和消防措施。

（9）施工现场使用喷砂除锈时，应采用真空喷砂、湿喷砂等，且必须采取降尘和隔声措施。

（10）防腐、保温所使用的材料均应满足环保要求，材料在运输、存储和施工过程中禁止乱扔、乱倒、焚烧，导致污染环境。

（11）除锈用后的棉丝、破布及沾有油漆棉纱等废弃物应集中存放，及时处理。

（12）防腐、保温、保护层施工中产生的废弃物应及时清理，集中存放。

16. 管道试验、清洗、试运行

（1）管道试验前，应制定应急预案，成立领导小组，分工明确专人负责，并配备通信联络和交通工具。

（2）管道试验、清洗和试运行现场应划定作业区，设置安全标志、警示灯，非作业人员严禁入内。

（3）现场应设置值班棚，在夜间作业时，要有充足的照明设施。

（4）管道试验时，应设专人看管打压设备，发现异常应及时处理，确保试验顺利进行。

（5）作业中，机械设备发生故障必须停运、断电、卸压后，方可处理。

（6）管道试验时，作业人员必须位于安全地带，严禁位于盲板的前端和承压支撑结构的侧面。

（7）管道折点后背、盲板、临时加固点等管件设施应设专人观察，发现异常或堵板变形，必须立即停止试压，分析处理。

（8）管道试验应分级进行，缓慢升压，间断稳压，严禁超压。

（9）蒸汽吹洗中，试验人员严禁触摸无保温的裸露管道。

（10）试运行中应设专人对沿线各检查井（室）内管路、管路附件的安全状况进行巡查，掌握试运行情况，确认正常。

（11）试验用水不得随意排放，应就近接入相应的排放池或处理区。

（12）对冲洗时排放的废弃物应集中收集，不得污染环境。

（13）对产生噪声的设备应采取隔声降噪措施。

17. PE管热熔安全管理要求

1）操作时应穿戴防护手套、防滑鞋、安全帽等安全防护用品。

2）操作热熔机人员必须经过专门培训，掌握本工种安全生产技术方可上岗操作。

3）作业现场应进行有效维护，设立警示标志，清理无关人员；作业前应首先检查机电气设备的完好性，确认漏电保护开关的可靠性和灵敏性，工地现场作业时应对过路电缆线采取保护措施。

4）作业时应佩戴个人防护用品，防止烫伤，触电、挤压等事故发生。

5）焊接时应事先设定不同口径管道的最佳热熔参数。

6）管道固定好后，热熔机与管道接近时，手不得放在管口。管口对好启动烧刀前，人身体应离开转动部位，并随时观察焊接过程中的时间、温度、压力仪表，确保工作正常。

7）加热完毕后，应由专人取出并放置于不影响下一步工作的地方，同时设专人监护，防止发生烫伤。

8）作业完成后，应对现场进行清理，关好电源箱。

6.3 职业健康管理

6.3.1 基本要求

（1）职业健康和劳动保护工作坚持以人为本、预防为主、防治结合的方针，建立各参建单位负责、从业人员参与的工作机制，实行分类管理、综合治理，为从业人员创造有利于健康的工作环境和条件。

（2）参建单位项目负责人是本单位职业健康和劳动保护工作第一责任人，对本单位的职业健康和劳动保护工作全面负责；各单位应当为从业人员创造符合国家职业健康标准要求的工作环境和条件，配备符合国家标准的劳动防护用品，并采取措施保障本单位从业人员职业健康。

（3）各参建单位与从业人员签订劳动合同（含聘用合同）时，应当将工作过程中可能产生的职业病危害及其后果、职业病防护措施和待遇、劳动保护和劳动条件等如实告知从业人员，并在劳动合同中写明，不得隐瞒或者欺骗。

（4）施工单位应按照企业的职业健康方针并结合工程合同目标，制定项目职业健康管理计划，并按规定程序批准实施，项目职业健康管理计划应包括下列主要内容：项目职业健康管理目标、项目职业健康管理组织机构和职责、项目职业健康管理的主要措施。

（5）建设工程项目应按照规定确保职业健康和劳动防护用品费用，并纳入项目安全生产费用统一规范管理。

（6）建设工程项目应将职业健康和劳动保护有关知识和课程，纳入项目安全培训计划并统一实施。

（7）建设工程项目应将作业人员健康状况及体检证明材料、工伤保险缴纳、劳保用品配置情况等有关内容纳入安全监督检查和隐患排查治理工作中。

（8）建设工程项目应根据实际情况因地制宜地制定食物中毒事件、公共卫生事件等专项应急预案或者现场应急处置方案，并按有关规定开展应急演练活动。

6.3.2　职业病防治

（1）建设工程项目存在职业病目录所列职业病的危害因素的，应当按照有关规定，及时、如实向所在地区卫生行政管理部门申报职业病危害项目，并接受卫生行政管理部门的监督管理。建设项目存在的主要职业病危害因素见表6-5，其中权重较大的是噪声、粉尘设备安装、调试噪声、振动、高温、低温、电磁辐射。

表6-5　　建设工程项目主要职业病危害因素表

岗位名称	主要职业病危害因素
土石方施工人员	矽尘、噪声、高温、低温、局部振动
砌筑人员	其他粉尘、高温、低温
混凝土配制及制品加工人员	水泥粉尘、噪声、局部振动、高温、低温
振捣夯实人员	粉尘、噪声、振动（局部、全身）、高温、低温
电焊工	电焊烟尘、锰及其化合物、氮氧化物、臭氧、紫外辐射、高温、低温
装饰人员	砂轮磨尘、铝合金粉尘、乙酸乙烯酯、乙二醇、矿棉粉尘、高温、低温
防腐作业人员	苯、甲苯、二甲苯、乙酸乙酯、乙酸丁酯、溶剂汽油、高温、低温
设备安装、调试	噪声、振动、高温、低温、电磁辐射

（2）建设工程项目人员进入施工现场前应将体检报告等职业健康有关档案报备项目部，体检报告项目应涵盖血常规、血压、心电图等重要内容，并确保施工作业人员没有妨碍对应工种作业内容的生理缺陷和禁忌症；建设单位、监理单位应依据工程合同关系对所属单位的

落实情况予以监督和检查。

（3）建设工程项目应结合项目实际职业危害因素，按要求在现场施工区、临建区和其他存在职业危害的场所，设置职业危害告知牌。

（4）建设工程项目应定期开展粉尘、噪声、有毒有害气体等职业危害因素检测，保护作业人员职业健康，具体要求参见集团公司《HSE管理工具实用手册》。

（5）建设工程项目人员发生职业病危害事故的，事发单位应当于1小时内向事故发生地县级以上人民政府卫生行政管理部门和有关部门报告。职业病事故报告有关具体要求参见《国家电力投资集团有限公司职业健康和劳动保护管理办法》。

（6）建设工程项目应委托第三方编制职业病危害预评价报告，落实职业病预防措施；升压站应配套建设卫生间、更衣间、洗浴间等卫生设施。建设项目的职业病防护设施必须与主体工程同时设计、同时施工、同时投入生产和使用。

6.3.3 劳动防护

（1）建设工程项目应建立健全职业病防护和劳动防护用品的购买、验收、保管、发放、使用、更换和报废等管理制度，并应按照职业病防护和劳动防护用品的使用要求，在使用前、使用中对其保护功能进行必要的检测、检验，确保使用性能。

（2）劳动防护用品分为头部保护、呼吸保护、眼睛及脸部保护、听力保护、手部保护、足部保护、身体保护、皮肤保护、坠落保护和其他劳动防护用品等10大类。

（3）建设工程项目应当根据工作场所中存在的危险、有害因素种类及危害程度、劳动环境条件和劳动防护用品有效使用时间，制定适合本单位的劳动防护用品配备标准。

（4）建设工程项目应当根据劳动防护用品配备标准，制定采购计划，购买符合国家标准和规范的劳动防护产品。

（5）建设工程项目应建立劳动防护用品管理台账，查验并保存劳动防护用品检验报告等质量证明文件的原件或复印件。

（6）建设工程项目应当按照本单位制定的配备标准为从业人员提供符合国家标准规定的劳动防护用品，并做好登记，不得发放钱物替代发放职业病防护和劳动防护用品。

（7）建设工程项目应当监督、指导从业人员按照使用规则正确佩戴和使用劳动防护用品，并督促从业人员在使用劳动防护用品前，对劳动防护用品进行检查，确保外观完好、部件齐全、功能正常。

（8）建设工程项目对存在职业病危害的作业场所，应配备有效的防护设备；在可能发生急性职业损伤的有毒、有害工作场所，配置现场急救用品。

（9）建设工程项目应当按照劳动防护用品发放周期定期发放，对工作过程中损坏的，应及时更换；用人单位劳动防护用品应当按照要求妥善保存，及时更换，保证其在有效期内。

（10）建设工程项目应当对劳动防护用品进行周期性的检查和维护，保证其完好有效。

（11）建设工程项目应当对职业病防护设备、应急救援设施进行经常性的维护、检修和保养，定期检测其性能和效果，确保其处于正常状态，不得擅自拆除或停止使用。

（12）建设工程项目人员劳保用品的穿戴应规范符合要求。

6.3.4 公共卫生

（1）办公区、生活区可租用民房，应当配置单独卫生间；集中办公或者集中生活区域，应另行配置公共卫生间。

（2）施工现场人员集中的各区域应当配置公共卫生间，并设置化粪池等配套设施。

（3）办公区、生活区、加工场等人员密集区域，应当安排专人定期打扫卫生并配置专用垃圾箱集中存放生活垃圾，安排人员定期清理外运，避免生活垃圾污染生活环境。

（4）建设工程项目应当依据地方卫生行政部门发布的新冠肺炎疫情常态化防控工作有关方案，结合项目实际和特点编制项目新冠肺炎疫情防控工作方案并严格实施；疫情防控工作方案，应当涵盖人员行程跟踪、入场准入、体温监测、消毒消杀、防护口罩佩戴等具体要求。

6.4 安全档案资料管理

6.4.1 一般规定

（1）安全档案资料是指参建单位在整个建设工程安全生产管理工作过程中形成的有归档保存价值的文件资料。安全档案资料包括工作活动中形成的文字材料、图纸、图表、声像材料和其他载体的材料。

（2）安全档案资料是建设项目档案资料的组成部分，应当纳入建设项目档案统一管理。

（3）安全档案资料由各参建单位、部门及安全责任人具体编制或者填写，并对其真实性负责。安全资料的编制、填写时间应当符合安全管理有关标准规范、程序和制度，随工程进度同步实施。

6.4.2 安全档案管理要求

（1）建设单位应明确记录的管理职责及记录的填写、收集、标识、储存、保护、检索、保留和处置要求；明确安全技术档案的编目、形式和档案库房管理、档案管理人员职责规范、档案保密规范、档案借阅规范等；签订有关合同、协议时，应对安全技术档案的收集、整理、移交提出明确要求。

（2）监理单位应编制建设工程安全管理档案（记录）目录，经建设单位审定，在项目开工前印发施工单位。

（3）参建单位应建立完善的管理台账，需归档保存的安全技术资料，按档案管理规定执行；每类台账应附有资料目录清单，以便核对和检索，安全资料档案管理具体要求如下：

1）归档的文件材料必须是办理完毕、齐全完整的，能够准确地反映安全生产各项活动的真实内容和原始过程，具有保存价值。

2）管理部门主办的文件，必须归档保存原件，确无原件的，须在备考表中予以说明。

3）归档材料应按照上级有关部门的规定、标准和要求，进行整理、编目；归档材料的用纸、用笔应标准（不用铅笔、圆珠笔），字迹清晰。

4）归档的文件所使用的书写材料、纸张、装订材料应符合档案保护要求；已破损的文件应予修复，字迹模糊或易褪变的文件应予复制。

5）电子文件形成单位必须将具有永久和长期保存价值的电子文件，制成纸质文件，与原电子文件的存储载体一同归档，并使两者建立互联。

6）特殊载体安全技术档案（录像带、照片、磁盘等）按载体形式、所反映问题或形成时间进行分类、编目。按其载体形式分别保存，并注明与相关纸质档案的互见号。

7）归档的电子文件应存储到符合保管要求的脱机载体上。归档保存的电子文件一般不加密，必须加密归档的电子文件应与其解密软件和说明文件一同归档。

安全档案资料保管期限分为永久、长期和短期三种，长期保存为20年，短期保存为建设工程项目试运行240小时后3年。其中，永久性保存的安全生产档案主要为安全生产制度档案、生产安全事故档案、职业卫生健康档案、安全标准化档案、安全信息化档案、企业安全文化档案等。

6.4.3 建设单位安全档案资料

建设单位应具备的安全档案资料见表6-6。

表6-6 建设单位应具备的安全档案资料

序号	安全档案文件名称	建档时间	保存期限
1	建设单位与参建各方签订的相关合同副本、安全协议书	项目开工前	长期
2	建筑工程消防设计审核意见书	项目开工前	长期
3	建筑工程消防验收意见书	工程结束	永久
4	工程准备期策划方案、工程施工期实施方案	项目开工前	永久
5	建设项目安全设施“三同时”评价及验收报告	项目开工前	长期
6	建设项目职业病防护设施“三同时”评价及验收报告	项目开工前	长期
7	工程建设项目安全、文明施工总策划	项目开工前	长期
8	安全目标责任书	项目开工前	短期
9	安委会成立、更新批准文件	项目开工前	短期
10	安全会议记录	项目开工前、项目建设周期	短期
11	安全培训记录	项目开工前、项目建设周期	长期
12	安全检查、整改记录	项目建设周期	长期
13	安全验收记录	项目建设周期	长期
14	安全费用台账	项目开工前、项目建设周期	短期
15	应急预案及演练记录	项目开工前、项目建设周期	短期

6.4.4 监理单位安全档案资料

监理单位应具备的安全档案资料见表6-7。

表6-7 监理单位应具备的安全档案资料

序号	安全档案文件名称	建档时间	保存期限
1	企业、人员资质	项目开工前、项目建设周期	短期
2	监理合同、安全协议	项目开工前、项目建设周期	短期
3	监理规划大纲	项目开工前、项目建设周期	短期
4	安全监理制度及实施细则	项目开工前、项目建设周期	短期
5	监理安全责任制度	项目开工前、项目建设周期	短期
6	监理安全奖惩制度	项目开工前、项目建设周期	短期
7	监理安全培训制度	项目开工前、项目建设周期	短期
8	监理安全技术交底制度	项目开工前、项目建设周期	短期

续表

序号	安全档案文件名称	建档时间	保存期限
9	监理安全例会制度及相关会议纪要	项目开工前、项目建设周期	短期
10	监理安全旁站制度及旁站记录	项目建设周期	长期
11	重大施工措施（方案）审查	项目开工前、项目建设周期	长期
12	施工安全审查、备案制度	项目开工前、项目建设周期	短期
13	安全事故报告制度	项目开工前、项目建设周期	短期
14	安全监理策划方案	项目开工前、项目建设周期	短期
15	安全整改通知单	项目开工前、项目建设周期	长期
16	安全交底记录	项目开工前、项目建设周期	长期

6.4.5　施工单位安全档案资料

施工单位应具备的安全档案资料见表 6-8。

表 6-8　施工单位应具备的安全档案资料

序号	安全档案文件名称	建档时间	保存期限
1	企业、人员资质	项目开工前、项目建设周期	短期
2	文明施工策划	项目开工前、项目建设周期	短期
3	安全管理人员登记表	项目开工前、项目建设周期	短期
4	安全技术交底记录	项目开工前、项目建设周期	短期
5	安全工作会议（例会）记录	项目开工前、项目建设周期	短期
6	新工人入场三级安全教育记录	项目开工前、项目建设周期	短期
7	安全教育培训（班前会）记录	项目开工前、项目建设周期	短期
8	安全考试材料及登记台账	项目开工前、项目建设周期	短期
9	安全检查、整改工作记录	项目开工前、项目建设周期	短期
10	安全隐患整改回复单	项目开工前、项目建设周期	短期
11	施工机械进场报审表	项目开工前、项目建设周期	短期
12	施工机械进场验收表	项目开工前、项目建设周期	短期
13	特种作业人员登记台账	项目开工前、项目建设周期	短期
14	违章及奖惩登记台账	项目建设周期	短期
15	安全工器具登记台账	项目建设周期	短期
16	安全工器具及设施发放及报废登记台账	项目建设周期	短期
17	安全工器具检查、试验登记台账	项目建设周期	短期
18	现场处置方案演练记录	项目建设周期	短期
19	职工体检登记台账	项目开工前、项目建设周期	短期
20	施工机具安全检查记录表	项目开工前、项目建设周期	短期
21	分包单位安全资质报审表	项目开工前、项目建设周期	短期
22	安全生产月、活动日记录	项目开工前、项目建设周期	短期
23	安全施工日志	项目开工前、项目建设周期	短期
24	安全罚款通知单	项目建设周期	短期
25	危险源辨识、风险评价和风险控制措施表	项目开工前、项目建设周期	短期
26	安全生产费使用计划、实际台账	项目开工前、项目建设周期	长期
27	安全施工作业票记录	项目建设周期	短期

续表

序号	安全档案文件名称	建档时间	保存期限
28	季节性施工安全方案	项目开工前、项目建设周期	短期
29	安全文件收发台账	项目开工前、项目建设周期	短期
30	电工安全职责及安全责任状	项目开工前、项目建设周期	短期
31	临时用电施工组织设计（方案）	项目开工前	短期
32	临时用电安全技术交底书	项目开工前、项目建设周期	短期
33	临时用电验收表	项目开工前、项目建设周期	短期
34	有关安全健康规程、规定、计划、总结、措施、文件、简报、事故通报、法律法规及各类汇报报表等	项目开工前、项目建设周期	短期

7　风险分级管控与隐患排查治理

7.1　风险分级管控

7.1.1　风险分级管控主体责任

（1）各参建单位项目部应建立以项目负责人为第一责任人的风险分级管控和隐患排查治理组织机构，明确各级职责，制定相应制度，按照制度运行考核。

（2）建设单位应对工程项目风险分级管控负总体牵头与统一管理责任；监理单位应对工程项目风险分级管控负监理责任；勘测设计单位、总承包单位应对工程建设工程项目风险分级管控负职责内的实施与管理责任；施工单位应对工程项目风险分级管控负具体实施与综合管理责任。

7.1.2　风险辨识与评价

（1）各参建单位在工程建设工程项目开工前或每年年初，应组织对危险源、风险进行辨识与评价，编制发布项目危险源、风险辨识评价清单，并随着工程进度情况及时更新。

（2）风险辨识应对工程建设全过程风险点进行排查，形成包括风险点名称、类型、可能导致事故类型及后果和区域位置等内容的基本信息，并编制风险点登记台账、作业活动清单、设备设施清单。

（3）风险辨识范围应覆盖所有的作业活动和设备设施，对于作业活动采用工作危害分析法（JHA）进行辨识，对于设备设施采用安全检查表法（SCL）进行辨识。

（4）风险辨识时应依据 GB/T 13861—2022《生产过程危险和有害因素分类与代码》的规定充分考虑四种不安全因素：人的因素、物的因素、环境因素、管理因素，并充分考虑危害因素的根源和性质。

（5）风险评价推荐采用“作业条件风险评价法”（LEC），各参建单位在对工程建设工程项目风险点和各类危险源进行风险评价时，应结合项目自身可接受风险实际，制定事故（事件）发生的可能性、频繁程度、损失后果、风险值的取值标准和评价级别，进行风险评价。

（6）当建设工程项目组织机构、现场作业条件或施工工艺、设备、设施等发生重大变化或监督检查中发现问题时，应及时对相关的风险项目重新进行评估。

7.1.3　风险分级

（1）根据风险危险程度，工程建设工程项目风险点、危险源按照从高到低的原则划分为重大风险、较大风险、一般风险、低风险四个等级，分别用“红、橙、黄、蓝”四种颜色表征，具体风险等级划分见表 7-1。

表 7-1　　风险等级划分表

风险等级	风险描述	颜色
重大风险	现场的作业条件或作业环境非常危险，现场的危险源多且难以控制，如继续施工，极易引发群死群伤事故，或造成重大经济损失	红
较大风险	指现场的施工条件或作业环境处于一种不安全状态，现场的危险源较多且管控难度较大，如继续施工，极易引发一般生产安全事故，或造成较大经济损失	橙
一般风险	现场的风险基本可控，但依然存在着导致生产安全事故的诱因，如继续施工，可能会引发人员伤亡事故，或造成一定的经济损失	黄
低风险	现场所存在的风险基本可控，如继续施工，可能会导致人员伤害，或造成一定的经济损失；对于现场所存在的低风险，虽不需要增加另外的控制措施，但需要在工作中逐步加以改进	蓝

（2）风险点中各危险源评价出的最高风险级别作为风险点级别。危大工程风险等级，依据中华人民共和国住房和城乡建设部印发的《危险性较大的分部分项工程安全管理规定》（住建部令〔2018〕37号）相关规定，一般危大工程视为较大风险，超危大工程视为重大风险。

（3）对有下列情形之一的，可直接判定为重大风险：

1）违反法律、法规及国家标准、行业标准中强制性条款的。

2）发生过死亡、重伤、重大财产损失事故，且现在发生事故的条件依然存在的。

3）超过一定规模的危险性较大的分部分项工程。

4）具有中毒、爆炸、火灾、坍塌等危险的场所，作业人员在10人及以上的。

5）经风险评价确定为最高级别风险的。

7.1.4　风险分级管控

（1）风险分级管控，应遵循风险越高管控层级越高的原则，对于操作难度大、技术含量高、风险等级高、可能导致严重后果的作业活动应重点进行管控；上一级负责管控的风险，下一级必须同时负责管控，并逐级落实具体措施；管控层级可进行增加、合并或提级；风险管控层级分为企业、项目部、施工班组、作业人员等。

（2）各参建单位项目部应根据项目风险等级，按照安全生产相关法律法规、标准规范要求，及时制定、动态调整项目风险管控方案，结合项目实际，分级制定风险管控措施。管控措施制定应遵循以下原则：

1）首先考虑消除危险源，然后再考虑降低风险，最后考虑采用个人防护设备。

对于不可容许风险，需采取相应的风险控制措施以降低风险，使其达到可容许的程度；对于可容许风险，需保持相应的风险控制措施，并在工作中认真加以实施。

2）风险控制措施应与现场的实际情况相适应；如具体到某一设备时，应细化并标注清必须采取的安全措施，以便施工作业中实施和核对检查。

3）监理单位应建立项目风险管控措施核查验收制度，重点核查危大工程安全专项施工方案、设施设备和人员到岗履职、监控监测、预警应急等安全管理情况，并做好检查记录；对风险管控措施落实不到位的，应及时下达停工整改指令。

4）施工单位应建立项目风险管控与预警预报体系，明确预警预报标准，及时掌握风险发展状态；如发现异常或超过预警值，应立即采取风险处置措施，并做好风险事故应急准备工作。

5）建设工程项目应建立安全风险告知制度，施工单位应在作业现场醒目位置和重点区域应设置安全风险公示牌和标识牌，并通过安全教育培训、安全技术交底等方式将作业中存在的风险及应采取的措施告知各岗位人员及相关方，使其掌握规避风险的措施并落实到位。

7.1.5　热力建设工程项目主要安全危险点分析及控制措施

热力建设工程项目主要安全危险点分析及控制措施见表7-2。

表7-2　　热力工程施工主要安全危险点分析及控制措施

序号	作业活动	风险点	风险类型	控制措施
1	基础作业	作业指导书无针对性，无挖土专项安全措施	坍塌，人身事故	（1）编写挖土安全施工措施，报有关部门审批后施工。 （2）按照规范要求进行支护和放坡
		支撑折断	坍塌伤人	施工方案中应对支撑侧压力计算并按照计算书要求做好施工前的安全交底工作
		无模板安装的拆除安全措施	钢筋模板倒排，人员伤亡	施工前应编制专项作业指导书，要涉及模板安装、钢筋绑扎安全技术措施，并经过全员安全技术交底签字后施工
		基础边不足1m处放置物料或设备	滑落伤人	（1）基础边1.5m范围内不允许堆放任何设备或材料。 （2）包括开挖后的弃土必须清理走。 （3）基础边搭设安全警示围栏，防止人员坠落
2	基坑作业	未按要求做支护措施	坍塌	（1）基坑施工必须按要求进行，具体临边防护要求按“三宝（安全带、安全网、安全帽）、四口（预留洞口、电梯井口、通道口、楼梯口）”要求执行。 （2）开外松土深度1.5m以上时，应有防塌方措施。 （3）挖土前应编制施工专项方案，挖土顺序应严格按施工方案进行。 （4）开挖时，安排专人对基坑及周边环境进行检测
3	有限空间作业	未进行有害气体检测及有效通风	中毒和窒息	（1）必须严格实行作业审批制度，严禁擅自进入有限空间作业。 （2）必须做到“先通风、再检测、后作业”，严禁通风、检测不合格情况下进行作业。 （3）必须配备个人防中毒窒息等防护装备，设置安全警示标识，严禁无防护监护措施作业。 （4）必须对作业人员进行安全培训，严禁教育培训不合格上岗作业。 （5）必须制定应急措施，现场配备应急装备，严禁盲目施救

续表

序号	作业活动	风险点	风险类型	控制措施
4	脚手架作业	脚手架不稳	高处坠落	（1）一般脚手架搭设应严格按规范要求进行，经验收后挂牌使用。 （2）特殊脚手架应经计算设计并经审核、批准后实施，搭设完后同样须经验收后挂牌才能使用。 （3）竹、木的立杆、大横杆搭接长度不小于1.5m，绑扎时小头压在大头上，绑扣不少于三道，严禁一扣绑三杆。 （4）脚手板应铺满，不应有空隙和探头板。 （5）一般脚手架荷载不超过 $270kg/m^2$，特殊脚手架的荷载由设计决定，应经常检查是否超载；在大风、暴雨后及解冻期应加强检查；如长期停用，在使用前要经鉴定合格，方可使用
		脚手架及脚板选材不合格	高处坠落	（1）钢管脚手架应用外径 48～51mm，壁厚 3～3.5mm 管，长度以 4～6.5m 及 2.1～2.8m 为宜。新购钢管脚手架应有出厂合格证，凡弯曲、压扁、有裂纹或严重锈蚀的钢管，严禁使用；扣件应有出厂合格证，凡有脆性断裂变形或滑丝的严禁使用。 （2）脚手板应用厚 2～3mm 的 A3 钢板，规格以长度 1.5～3.6m 为宜；板的两端应有连接装置，板面应有防滑孔，凡有裂纹、扭曲的不得使用。 （3）木脚手板应用 5cm 厚的杉木或松木板，宽度以 20～30cm 为宜，长度不可超过 6m；凡腐朽、扭曲、破裂的或有大横透节及多节疤的，严禁使用；板的两端 8cm 处应用镀锌铁丝箍绕 2～3 圈或用铁皮钉牢
		脚手架搭设不规范	高处坠落、坍塌	（1）脚手立杆小头直径不小于 7cm，横杆小头不小于 8cm；立杆横杆搭接长度不小于 1.5m，绑扎铁扣不少于三道。 （2）脚手架的立杆、大横杆应错开；搭接长度不得小于 50cm，承插式的管接头搭接长度不小于 8cm；水平承插式接头应有穿销并用扣件连接，不得用铁丝及绳子绑扎。 高层钢管脚手架应安装避雷装置，附近有架空线路时，应满足安全距离要求或采取可靠的隔离防护措施。 （3）脚手架两端、转角及每隔 6～7 根立杆应设支撑，支撑应与立杆成 60°夹角。 （4）脚手架超过 7m 高时，每隔 4m 脚手架应与建筑物连接牢固，并增设安全爬梯及安全通道。 （5）大面积搭设脚手架应先制订方案，确定施工方案，并设警戒线及监护人
		脚手架不稳	坍塌	（1）组合脚手架时施工人员应先培训考试，并由专业架子工带领按规程搭设；合理使用合格的脚手架材料。 （2）无生根脚手架应设置扫地杆及斜支撑，每隔 6～7 根立杆应设剪刀支撑。 （3）组合脚手架安装平杆、立杆时，应同时安装斜支撑。 （4）严禁凭借脚手架起吊物件。 （5）脚手架载荷不应大于 $270kg/m^2$。 （6）竖立杆时，根部应设垫木。脚手架的地面。 （7）应设排水沟。 （8）斜支撑不得随便拆除，楼面上斜支撑应与扫地杆连接并与脚手架成 45°～60°夹角

续表

序号	作业活动	风险点	风险类型	控制措施
4	脚手架作业	脚手架搭设间距不当	坍塌	注意立杆、大横杆及小横杆的间距：脚手架立杆：2m；大横杆 1.2m；小横杆 1.5m
5	临时用电作业	带电作业前未认真开展条件检查	触电、其他伤害	（1）现场施工用电应采用三相五线制，三级配电，二级保护，开关箱按“一机、一闸、一保护”设置。 （2）配电箱的门、锁、防雨措施应齐全完好。 （3）检查电源及设备线路绝缘良好，无裸露现象。 （4）临时配电装置应有电工专人管理且持证上岗，每天应进行巡查登记
6	起重作业	无安全交底	物体打击、其他伤害	（1）应及时编制施工方案、并做好全员交底工作。 （2）必须聘用有资质的特殊作业人员，如起重指挥人员、司索人员，司机必须持证上岗。 （3）所用车辆必须符合安全技术要求，必须要在周边设置安全警戒区域，并有专人监护
7	现场动火作业	违规使用电动工具打磨焊口	触电、机械伤害	（1）用砂轮机打磨焊缝时，应戴好防护镜。 （2）身体必须侧对砂轮机。 （3）打磨时，严防用力过猛，砂轮片破碎。 （4）保护接地线应连接正确、牢固。 （5）电动工具电源线应“一机、一闸、一保护”。 （6）电动工具应定期检测
		焊接时未落实防火措施	火灾	（1）严禁在储存或加工易燃、易爆品的场所 10m 范围内作业，必要时应采取隔离措施。 （2）清除焊接地点 5m 以内的易燃物；无法清除时，应采取可靠的防护措施。 （3）焊接工作结束后，必须切断电源，确认无起火危险后，方可离开
		电焊机使用不正确	触电	（1）焊机电源线应“一机、一闸、一保护”。 （2）电焊机外壳必须可靠接地，不得多台串联接地。 （3）电焊机在倒换接头，转移工作地点或发生故障时必须切断电源。 （4）露天装设的电焊机应设置在干燥的场所，并设遮蔽棚。 （5）隔离开关在闭、合时，须侧脸，戴好手套，防止起弧伤人
		焊接、气割作业不办理动火作业票	火灾、眼睛伤害	（1）动火作业前应按照有关规定，办理相应级别的动火作业票。 （2）动火作业按照作业票内容严格做好检查、防护、监督并按照要求动火后及时消灭火种。 （3）气割作业时应戴好防护眼镜

续表

序号	作业活动	风险点	风险类型	控制措施
8	高空、交叉作业	平台栏杆不能及时装完	高处坠落	（1）设禁止通行警告牌。 （2）绑设临时栏杆。 （3）尽快将平台、围栏安装完
		临时工作平台不按规定搭设	高处坠落	（1）搭设临时工作平台，必须牢固，应由专业工种搭设。 （2）平台周围设 1.20m 高的围栏，180mm 高的挡脚板或设防护立网
		安全网及安全绳等设施铺设不规范	高处坠落	（1）应及时按照规范要求完善安全网及安全绳等设施。 （2）安全带必须在使用前检查，作业人员在使用中应及时勾挂到牢固可靠处
		利用模板和支撑上下攀爬	高处坠落	（1）不得使用腐朽、扭裂、劈裂的材料。 （2）支撑时所有支撑模板必须边施工边加固。 （3）应挂禁止攀登的警示标志。 （4）钢模板的安装应经设计和计算，模板、支撑不得和脚手架混接在一起
		梯子使用不正确	高处坠落	（1）梯子竖立时与地面的夹角以 60°为宜。 （2）梯脚应有可靠的防滑措施，由专人在下面扶持，以防梯子滑倒或倾斜。 （3）不得两人以上登一个梯子作业，梯子上有人作业时禁止移动。 （4）梯子在使用时不得加长或垫高，严禁在木箱等不稳固或易滑动的物体上使用。 （5）梯子靠在管子上使用时，其上端应有挂钩或用绳索绑牢。 （6）上下梯子时应面部朝内，严禁手拿工具或器材上下；在梯子上工作应配备工具袋
		高处作业不系安全带和未使用保护工具	高处坠落	（1）2m 及以上作业要扎好安全带、且挂在上方牢固可靠处。 （2）安全带要精心使用、随时检查，出现问题及时更换。 （3）新购安全带必须有合格证；出售单位应有经营许可证。 （4）对新购入的安全带须进行验收；对使用的安全带应按规范要求进行定期检验。 （5）正确使用高处攀登自锁器、安全带等高处作业保护工具

7.2 隐患排查治理

7.2.1 隐患分级与分类

（1）根据隐患整改、治理和排除的难度及其可能导致事故后果和影响范围，工程项目安全事故隐患分为一般事故隐患和重大事故隐患。

（2）根据隐患类型，工程建设工程项目安全事故隐患分为基础管理类隐患和施工现场类隐患，安全事故隐患分类见表 7-3。

表 7-3　　安全事故隐患分类

基础管理类隐患	施工现场类隐患
包括以下方面存在的问题或缺陷： （1）设备设施。 （2）场所环境。 （3）从业人员操作行为。 （4）消防及应急设施。 （5）职业卫生防护设施。 （6）辅助动力系统。 （7）现场其他方面	包括以下方面存在的问题或缺陷： （1）生产经营单位资质证照。 （2）安全生产管理机构及人员。 （3）安全生产责任制。 （4）安全生产管理制度。 （5）教育培训。 （6）安全生产管理档案。 （7）安全生产投入。 （8）应急管理。 （9）职业卫生基础管理。 （10）相关方安全管理。 （11）基础管理其他方面

7.2.2　隐患排查

（1）项目开工前（或每年年初），各参建单位应制定工程项目隐患排查治理工作计划，明确各类隐患排查的时间、目的、要求、范围、组织级别等。

（2）参建单位应依据确定的各类风险点控制措施和基础安全管理要求，编制隐患排查项目清单（隐患排查项目清单包括生产现场类隐患排查清单和基础管理类隐患排查清单）。

（3）各参建单位按照隐患排查计划，结合工程项目安全生产需要和特点，按要求组织开展例行及各类专项隐患排查，形成隐患排查表、排查记录；隐患排查组级至少应包括企业、项目部、施工班组、作业人员四个级别。

（4）隐患排查应全面覆盖、责任到人，做到定期排查和日常管理相结合，专业排查与综合排查相结合，一般排查与重点排查相结合；及时收集并上报发现的事故隐患，落实隐患整改措施。

（5）当发生以下情况，项目部应立即组织开展现场隐患排查治理：

1）法律、法规或标准规范发生变更或有新的发布。

2）项目组织结构发生大的调整，或管理责任范围有变更、施工工艺有大变更时。

3）国家重要节假日前后及国家重要活动前后。

4）遭受暴雨、大风等恶劣天气后，或遭受地震、泥石流、山体滑坡等自然灾害后。

5）重要施工、调试或维修活动开始前及过程中。

6）国际、国内、同行业和项目部发生较为严重的事件/事故后。

7.2.3　隐患治理

（1）隐患排查结束后，隐患排查单位应向下一级单位下发隐患整改通知书，责任单位或部门接到通知后，要按照“定时间、定人员、定措施、定标准、定费用”的原则制定整改方案，立即组织整改。

（2）一般隐患治理由施工单位项目部、班组负责人或者有关人员负责组织整改；经判定属于重大事故隐患的，项目部应当及时组织评估，并编制事故隐患评估报告书，制定重大事故隐患治理方案。

（3）重大安全隐患治理过程中，应采取必要的安全防范措施，防止事故的发生。隐患排除前或者排除过程中无法保证安全的，应当从危险区域内撤出作业人员，并疏散可能危及的其他人员，设置警戒标志，暂时停工或者停止使用；对暂时难以停工或者停止使用的相关生产储存装置、设施、设备，应当采取措施控制风险，并加强维护和保养。

（4）隐患整改完毕后，施工单位应组织对治理情况进行验证和效果评估，并向隐患整改通知单签发单位或部门提交隐患整改报告；隐患整改通知单签发部门应在接到隐患整改报告后，及时安排人员对其整改效果复查，并根据隐患级别组织相关人员对整改情况进行验收，实现闭环管理。

（5）各参建单位应根据隐患排查治理结果，建立项目安全隐患治理台账，并实施动态管理，定期（每季度末或年初）对本单位安全隐患排查治理情况进行统计分析，形成本季度或本年度隐患排查统计分析报告。

8 生态环保管理

8.1 生态环保

(1) 建设项目应遵守“三线一单”(生态保护红线、环境质量底线、资源利用上线及生态环境准入清单)要求，依法开展环境影响评价文件方案编制、报批；建设项目的环境影响评价文件未依法经审批部门审查或者审查后未予批准的，不得开工建设。

(2) 设计单位应按照环境保护设计规范的要求，编制环境保护篇章，落实防治环境污染和生态破坏的措施以及环境保护设施投资概算。

(3) 建设项目应执行环境影响评价文件方案要求和项目批复文件中明确的各项措施，生态环保设施应当与主体工程同时设计、同时施工、同时投产使用。

(4) 参建单位应制定环境保护管理计划，制定环境保护的措施和对策；施工过程中，采取措施防止或者减少扬尘、固体废物、噪声、振动和光对人和环境的危害和污染。

(5) 各参建单位应在工程建设项目开工前或每年年初，组织对环境因素风险进行辨识与评价，编制发布项目环境因素风险辨识评价清单，并随着工程进度情况及时更新。

(6) 施工扬尘控制。施工区域100%标准围挡、裸露黄土100%覆盖、施工道路100%硬化、渣土运输车辆100%密闭拉运、施工现场出入车辆100%冲洗清洁、建筑物拆除100%湿法作业。

(7) 施工固体废弃物控制：

1) 施工单位应编制建筑垃圾处理方案，制定污染防治措施。

2) 施工单位应对施工中产生的固体废弃物进行分类存放并按照相关规定进行处理，禁止直接焚烧各类废弃物。

3) 施工现场应设立垃圾站，实行垃圾分类管理，建筑垃圾、生活垃圾应及时清运。

(8) 噪声与振动控制。

1) 施工噪声控制应符合GB 3096—2008《声环境质量标准》和GB 12523—2011《建筑施工场界环境噪声排放标准》的相关规定，对各施工阶段的噪声进行监测和控制。

2) 建设单位应制定环境噪声污染的防治措施，公布建设项目名称、施工场所和期限、可能产生的环境噪声值以及所采取的环境噪声污染防治措施的情况。

3) 施工单位应科学布局施工机具使用，合理安排噪声作业时间，禁止噪声扰民。

4) 施工现场宜使用低噪声、低振动的机具，采取隔声与隔振措施，避免或减少施工噪声和振动。

5) 设专人定期对施工机具进行检查、维护、保养；如出现松动、磨损时，应及时紧固或更换，在降低噪声的同时保证施工机具处于良好的运行状态。

（9）光污染控制。

1）避免或减少施工过程中的光污染；夜间室外照明灯加设灯罩，透光方向集中在施工范围。

2）对施工场地直射光线和电焊眩光进行有效控制或遮挡，避免对周围区域产生不利干扰。

3）电焊作业采取遮挡措施，避免电焊弧光外泄。

（10）植被保护。

1）保护地表环境，防止土壤侵蚀、流失。施工造成的裸土，应及时覆盖砂石或种植速生草种。

2）施工应减少破坏自然植被；工程完工后应按设计要求恢复地貌、植被。

3）临时弃土区应采用覆盖和围挡。

4）提前准备好裸土覆盖物资。

（11）生态环保隐患排查。各参建单位应建立环境风险、隐患定期排查、登记和现状评估管理制度，持续排查治理存在的隐患和薄弱环节，同时对隐患进行评估，确定环境风险等级，根据隐患排查和分级结果，制定隐患治理方案，开展隐患治理。

（12）生态环保事件经验反馈。各参建单位应建立生态环保经验反馈机制，跟踪反馈地方生态环保政策变化，开展生态环保事件经验反馈，落实生态环保及文物保护问题闭环整改。

（13）项目竣工后，建设单位应按照环保部门的标准和程序，对配套建设的环境保护设施进行验收备案。

8.2 文 物 保 护

（1）参建单位应严格遵守《中华人民共和国文物保护法》《中华人民共和国文物保护法实施条例》，各参建单位都有保护文物的义务，不得侵占、截留或破坏文物，不得阻挠文物行政部门进行文物保护和科学研究工作。

（2）经初步调查工程沿线文物分布较多的工程，建设单位在开工前应委托具有相应资质的文物普查单位对建设项目及其临近影响范围内进行文物普查，编制《文物普查报告》，使参建单位了解工程沿线文物分布状况。

（3）建设工程选址阶段文物保护管理要求。

1）建设工程选址，应当尽可能避开不可移动文物，因特殊情况不能避开的，应当尽可能实施原址保护。

2）实施原址保护的，建设单位应事先确定保护措施，根据文物保护单位的级别报相应的文物行政部门批准，未经批准的，不得开工建设。

3）无法实施原址保护，必须迁移异地保护或者拆除的，应当报省、自治区、直辖市人民政府批准；迁移或者拆除省级文物保护单位的，批准前须征得国务院文物行政部门同意。全国重点文物保护单位不得拆除；需要迁移的，须由省、自治区、直辖市人民政府报国务院批准。原址保护、迁移、拆除所需费用，由建设单位列入建设工程预算。

（4）建设项目施工阶段文物保护管理要求。

1）施工单位应在开工前根据工程具体情况制定对已发现文物的施工保护方案、可能发现文物的应对措施及保护预案。

2）对已落实为文物保护区的工地，施工时严禁大型机械施工，均采用人工配合小型机械施工的方法，以防文物受到破坏；施工过程中如果发现文物或有考古、地质研究价值的物品时，应暂停施工，封闭现场，防止文物被损坏或流散；任何单位或者个人发现文物，应立即汇报建设单位，保护现场，建设单位通知当地文物行政部门，对文物进行保护。

9 安全生产投入管理

9.1 安全生产投入要求

（1）热力管网运营项目安全生产费用应按照标准和规定范围进行提取和使用，做到专款专用、不得挪作他用，并保证安全生产费用及时有效投入。

（2）建设单位应在合同中约定安全费用支付条件、标准和总费用控制方式；工期延期、项目变更、工作量调整、发生事故等特殊情况下，安全费用调整原则与支付方式。

（3）建设单位、监理单位应定期检查、分析施工安全措施费用提取和使用情况，做到专款专用；工程实行总承包的，总承包单位应对其分包商安全费用实施“等同化”管理；总承包单位应当将安全费用按比例直接支付分包单位并监督使用，分包单位不再重复提取。

（4）建设单位应按标准在工作范围内审批，不得超额、超范围支付。

（5）施工单位应建立安全费用投入及使用台账，详细记录安全费用投入明细等具体情况。

（6）施工单位未按要求投入或明显投入不足，由总承包单位或建设单位责令其改正或由总承包单位、建设单位代为投入，相关费用从施工单位安全费用中直接扣除。

（7）建设单位对信息化建设有明确要求的，相关费用应纳入安全费用管理范畴，但要明确资产隶属关系。

9.2 安全生产投入范围

（1）热力管网运营项目安全费用投入范围应符合《企业安全生产费用提取和使用管理办法》（财企〔2012〕16 号）中建设工程施工企业使用范围相关规定。

（2）热力管网运营项目应建立安全投入模型。安全费用可分为十大类安全投入（热力管网运营项目安全投入模型见表 9-1），具体如下：

1）完善、改造和维护安全防护设施设备支出［不含“三同时”（同时设计、同时施工、同时投产使用）要求初期投入的安全设施］，包括：

a. 生产作业场所的防火、防爆、防坠落、防毒、防静电、防腐、防尘、防噪声与振动、防辐射或者隔离操作等设施设备支出。

b. 大型起重机械安装安全监控管理系统支出。

c. 作业场所的监控、监测、通风、防晒、调温、防火、灭火、防爆、泄压、防毒、消毒、中和、防潮、防雷、防静电、防腐、防渗漏或者隔离操作等设施设备支出。

d. 消防设施维护（不含消防基础设施建设）支出。

e. 现场环境、交通安全防护设施支出。

2）配备、维护、保养应急救援器材、设备及维护保养支出和应急演练支出。

3）安全生产检查、评价（不包括新建、改建、扩建项目安全评价）、咨询和标准化建设、安健环管理体系建设支出。

4）开展重大危险源和事故隐患（包含现场设备、设施等）评估、监控和整改支出。

5）配备和更新现场作业人员安全健康防护支出。

6）安全生产和职业卫生宣传、教育、培训支出，包括：

a. 与安全有关的各类宣传费用，特殊工种培训、考试、取证费用，聘请专家或外出参加培训、专项评价评估、评审等费用支出。

b. 设备的标志标识、安全警示、职业危害提示牌、应急疏散、安全目视化管理等安全标识费用支出。

7）安全生产适用的新技术、新工艺、新装备的推广应用以及新标准制定、宣贯费用支出（集团公司批准技术改造项目除外）。

8）安全设施及特种设备检测、检验支出。

9）职业危害检测评价、监测监控及健康监护支出。

10）危险性较大工程的安全专项方案论证支出。

11）外包工程项目文明施工安全措施支出。

12）其他与安全生产直接相关的支出，如安防系统维护费用支出。

表 9-1　　热力管网运营项目安全投入模型

序号	项目	使用类型	设备/设施/器材等	具体情况说明	范围
1	完善、改造和维护安全防护设施设备支出（不含“三同时”要求初期投入的安全设施）	作业器具安全防护设施	起重设备维护	起重设备安全限位装置、闭锁装置、防护装置、绝缘装置、报警装置	改造、更换与维护
			叉车维护	叉车安全防护装置、绝缘装置、报警装置	改造、更换与维护
			直接影响作业器具安全性的装置的完善、改造与维护	各类作业器具的安全限位装置、闭锁装置、防护装置、绝缘装置、报警装置等，如砂轮机的防护罩等	改造、更换与维护
		高处与交叉作业	防护栏杆与防护门	楼板、屋面、阳台、楼梯边、基坑、井架、洞口等临边安全护栏和防护门等	建设、更换与维护
			防护棚	交叉作业的防护隔离棚等	建设、更换与维护
			孔洞盖板	洞口盖板、沟道盖板、设备人孔盖板等	建设、更换与维护
			安全通道	上下、出入口的安全通道，涉及安全护栏、踢脚板、挡板、防滑、防护棚等	建设、更换与维护
			安全平台	含临时安全作业平台等	建设、更换与维护
			高处专用工器具	便携式梯子等	采购、更换与维护

续表

序号	项目	使用类型	设备/设施/器材等	具体情况说明	范围
1	完善、改造和维护安全防护设施设备支出（不含“三同时”要求初期投入的安全设施）	电气安全防护设施	配电箱、开关箱	符合三级配电要求（总配电箱、分配电箱、开关箱）；开关箱符合一机、一箱、一闸、一漏［每台机械设备必须有单独的开关箱，开关箱应安装闸刀开关（隔离开关）和漏电保护器］等	改造、更换与维护
			接地保护装置	接地网、接地电阻满足标准要求等	改造、更换与维护
			电气设备的防护	电气设备（如变压器）的安全距离、护栏、接地等，电缆过桥保护等	建设、更换与维护
			电气作业安全器材	缘杆、绝缘垫/登、验电工具、安全电压器材、接地线等	采购、更换与维护
		消防安全防护设施	临建消防系统与设施	临建仓库、加工车间等的消防系统与设施等	建设、更换与维护
			现场移动式消防设施	各类灭火器，包括消防水枪、水带，移动消防泵等	采购、更换与维护
			现场防火专用设施工具	防火门、防火封堵、阻火墙、防火套、阻燃剂、防火布、桶等	采购、更换与维护
			现场防爆与防雷设施工具	现场固定防爆与防雷设施和作业防爆工具（如防爆灯、防爆工具）等	采购、更换与维护
		通风安全设备设施	气体检测设备	测氧气、一氧化碳、硫化氢、甲烷等气体检测仪等	采购、更换、维护
			通风设备、设施	通风机、风筒、焊接烟尘过滤器等	采购、更换、维护
		治安保卫防护设施	物防设施	出口、入口防撞设施等	改造、更换、维护
			人防设施及装备	警棍、警灯等	采购、更换、维护
		交通安全防护设施	道路安全设施	道路防撞墩、反光镜、标志牌等	采购、更换、维护
			移动检测设备	酒精检测仪等	采购、更换、维护
		地质灾害防护	滑坡、泥石流防护材料	边坡防护网，如石笼网，挡墙、筑坝等防护建设材料	采购、更换、维护
		雷电防护	雷电防护设备	避雷针等避雷设备	采购、更换、维护
		现场环境安全防护设施	环境状况监测仪	测温仪、照度仪、噪声仪、风速仪、粉尘浓度测量仪等	采购、更换、维护
			环境防滑、防撞、降温、通风等设施	应急照明，防滑垫、防撞泡沫、绝缘垫、移动风机、饮水设备等	采购、更换、维护
			环境文明整洁	垃圾箱等	采购、更换、维护

续表

序号	项目	使用类型	设备/设施/器材等	具体情况说明	范围
1	完善、改造和维护安全防护设施设备支出（不含“三同时”要求初期投入的安全设施）	现场环境安全防护设施	安全围栏	各类保护环境与设备安全围栏，安全警示带等	采购、更换、维护
		安全工器具	接地线、验电器、绝缘棒等	安全工器具	采购、更换、维护
		其他安全防护设施			
2	配备、维护、保养应急救援器材、设备支出和应急演练支出	应急设备	应急设备更换、维护	应急设备设施的改造升级和日常维护及保养费用	采购、更换、维护
		应急救援器材	应急专用工器具（抢险救灾）	正压呼吸器，应急灭火器材和工具，破拆工具、绳索、缓降器等	采购、更换、维护
			应急专用通信器材	对讲机、手提扬声器、传真机等	采购、更换、维护
			应急专用照明器材	应急灯、充电器、电池等	采购、更换、维护
			应急急救器材	担架、救护器材、现场应急急救箱（药品）等	采购、更换、维护
			人员应急防护用品	个人呼吸保护设备，消防战斗服等	采购、更换、维护
			防范自然灾害的器材	防大风、暴雨的器材（如应急泵）；防暴风雪的器材（如铁链）	采购、更换、维护
		应急准备与演习	应急预案编审费用	各类应急预案编写、专家审查等的费用支出	专业机构服务
			应急演练费用	综合应急演练、专项应急演练等的费用支出	
		应急能力评估	评价费用	聘请专家参与应急能力评估的专家费	专业机构服务
		其他	其他应急费用	临时避难场所相关费用支出、应急食品费用支出等费用	
3	开展事故隐患评估、监控和整改支出	重大事故隐患评估	评价费用	对重大危险源、重大事故隐患的评估费用	专业机构服务
		重大事故隐患整改支出	整改费	重大事故隐患整改费用	采购、维护
		重大事故隐患监控支出	监控器材	监控探头、监控显示器等费用	更换、维护
4	安全生产检查、评价（不包括新建、改建、扩建项目安全评价）、咨询和标准化建设支出	安全检查、评价	检查、评价费用	聘请专家参与安全检查或评价机构进行安全评价的费用	专业机构服务
			检查专用工具	望远镜、照相机、DV、录音笔、激光笔、卷尺、游标卡尺等费用	专业机构服务
		安全咨询	咨询费用	委托、聘请专家或评价机构进行安全咨询的费用	专业机构服务

续表

序号	项目	使用类型	设备/设施/器材等	具体情况说明	范围
5	安全生产宣传、教育、培训支出	安全宣传教育	安全宣传栏	办公及生产区域安全宣传栏的制作费用	采购、更换
			条幅、宣传图	生产区域、办公区域 HSE 宣传标语条幅、宣传图的费用	采购、更换
			安全图书资料	安全法律法规书籍、安全规程、安全技术教材、安全报刊和杂志等的费用	采购、更换
			安全宣传品	安全活动和安全知识宣传品的费用	采购、更换
			其他宣传费用		
		安全教育培训	安全管理人员培训取证	安全管理人员培训考核费用	培训
			HSE 相关注册类资格证再教育培训	安全相关注册类再教育培训考核费用	培训
			评估人员培训	评估员培训、培训考核费用	培训
			特种设备安全管理人员和操作人员培训取证	特种设备（起重、压力容器、电梯、压力管道、叉车等）安全管理人员和操作人员培训考核费用	培训
			特殊作业人员工种培训、考试、取证费用	特殊工种（焊工、电工等）培训考核费用	培训
			专题安全培训、讲座	聘请专家或外出参加培训费用	培训
			其他持证上岗人员培训	化学品管理人员、消防管理人员等培训考核费用	
			其他培训费用		
		一般劳动防护用品	工作服/裤	用于保护员工	采购、更换
			防护眼镜	用于防止眼睛受伤害	采购、更换
			反光背心	用于警示他人	采购、更换
			安全绳	用于防止高空坠落	采购、更换
			耳塞	听力保护	
			普通口罩	用于作业产生粉尘的保护	采购、更换
			手电筒	用于照明	采购、更换
6	配备现场作业人员安全健康防护用品支出	一般劳动防护用品	手套	防割伤、划伤	采购、更换
			雨衣	防止被淋湿	采购、更换
			雨鞋	防雨	采购、更换
			眼镜带	防止眼镜落入容器/水池	采购、更换
			工具吊带	防止工具坠落	采购、更换

续表

序号	项目	使用类型	设备/设施/器材等	具体情况说明	范围
6	配备现场作业人员安全健康防护用品支出	特殊劳动防护用品	安全帽	保护头部	采购、更换
			防尘口罩、过滤式防毒面具、自给式空气呼吸器、长管面具	呼吸护具	采购、更换
			焊接眼面防护具、防冲击眼护具	眼（面）护具	采购、更换
			阻燃防护服、防静电工作服	防护服类	采购、更换
			保护足趾安全鞋、防静电鞋、导电鞋、防刺穿鞋、胶面防砸安全靴、电绝缘鞋	保护足部防砸、防刺穿及防静电	采购、更换
			安全平网、密目安全网、安全生命绳、安全自锁器、安全缓降器、安全带等	防坠落护具、高处防护特殊用品	采购、更换
		特种劳动防护用品	电焊工特殊保护用品	专用衣服、面罩、眼镜、鞋、鞋套、手套	采购、更换
			架子工特殊保护用品	手套、安全带/绳、软底鞋	采购、更换
			油漆工特殊保护用品	连体服、喷砂专用服和头盔、专用面罩和口罩、帆布手套	采购、更换
			机加工（车工等特殊保护用品）	护目镜、连体服（或背带裤）、猪皮手套	采购、更换
			起重工特殊保护用品	司索、指挥、安全监护员、司机专用反光背心和标志	采购、更换
			电工特殊保护用品	护目镜、绝缘安全鞋、绝缘手套、绝缘手电筒、安全带	采购、更换
			机动车驾驶员特殊保护用品	太阳镜、纱手套	采购、更换
			马路清洁工特殊保护用品	遮阳镜、反光背心	采购、更换
			装卸、搬运工特殊保护用品	帆布手套、皮鞋、围裙、袖套	采购、更换
7	职业危害检测评价、监测监控及健康监护支出	职业病危害控制效果评价	职业病防护	聘请专家职业病危害控制效果评价或评价机构进行职业病危害控制效果评价	专业机构论证
		监测监控	职业危害因素监测	确保现场符合要求	采购、更换

续表

序号	项目	使用类型	设备/设施/器材等	具体情况说明	范围
7	职业危害检测评价、监测监控及健康监护支出	健康监护支出	职业健康维护费用	特殊工种取证、续证、体检	规定项目体检
			职业病体检	接触职业危害因素如辐射、粉尘、噪声等工作者特殊体检与复查	指定医院的专项体检
		医疗疗养	急救箱	现场配置职业健康防护	采购、更换
			急救药品	现场配置职业健康防护	采购、更换
			工伤医疗	员工伤害康复医疗	工伤
8	安全设施及特种设备检测检验支出	安全设施检测	安全帽、安全带检验	确保产品合格、安全有效	检验
			灭火器检验	确保产品合格、安全有效	检验
			起重链条检测	确保产品合格、安全有效	检验
			手动葫芦检测	确保产品合格、安全有效	检验
			钢管、扣件检测	确保产品合格、安全有效	检验
			起重机械监察费	确保产品合格、安全有效	检验
			缆绳检测	确保产品合格、安全有效	检验
			其他		
		特种设备检测	气瓶检测	确保合格、安全有效	检验
			叉车检测	确保合格、安全有效	检验
			起重机械检测	确保合格、安全有效	检验
			其他特种设备检测	确保合格、安全有效	检验
		其他防护设施检测	消防报警联动测试	消防报警联动测试	测试
			避雷设施检测	确保合格、安全有效	检验
			配电房电试	配电房电试	测试
			其他报警系统测试	可燃气体、氢气、氨等报警系统	测试
			其他	确保合格、安全有效	测试
9	危险性较大工程安全专项方案论证支出	安全专项方案论证	危险性较大工程安全专项方案论证	符合《危险性较大的分部分项工程安全管理办法》危险性较大的分部分项工程范围和超过一定规模的危险性较大的分部分项工程范围的项目	专业机构论证支出
10	外包工程项目文明施工安全措施支出	外包工程文明施工与环境	保护安全警示标志牌	在易发伤亡事故（或危险）处设置明显的、符合国家标准要求的安全警示标志牌	措施费
			现场围挡	（1）现场采用封闭围挡，高度不小于2m。 （2）围挡材料可采用彩色、定型钢板，砖、混凝土砌块等墙体	措施费
			六牌二图	在进门处悬挂工程概况、管理人员名单及监督电话、安全生产、文明施工、消防保卫五板；施工现场总平面图	措施费
			企业标志	现场出入的大门应设有本企业标识	措施费
			场容场貌	（1）道路畅通。 （2）排水沟、排水设施通畅。 （3）工地地面硬化处理。 （4）绿化	措施费

续表

序号	项目	使用类型	设备/设施/器材等		具体情况说明	范围
10	外包工程项目文明施工安全措施支出	外包工程文明施工与环境	材料堆放		（1）材料、构件、料具等堆放时，悬挂有名称、品种、规格等标牌； （2）水泥和其他易飞扬细颗粒建筑材料应密闭存放或采取覆盖等措施	措施费
			现场防火		消防器材配置合理，符合消防要求	措施费
			垃圾清运		施工现场应设置密闭式垃圾站，施工垃圾、生活垃圾应分类存放。施工垃圾必须采用相应容器或管道运输	措施费
		外包工程临时设施	现场办公生活设施		施工现场办公、生活区与作业区分开设置，保持安全距离	措施费
		外包工程安全施工			工地办公室、现场宿舍、厕所、饮水、休息场所符合卫生和安全要求	措施费
			施工现场临时用电	配电箱开关箱	按三级配电要求，配备总配电箱、分配电箱、开关箱三类标准电箱。开关箱应符合一机、一箱、一闸、一漏。三类电箱中的各类电器应是合格品	措施费
					按两级保护的要求，选取符合容量要求和质量合格的总配电箱和开关箱中的剩余电流动作保护器	措施费
				接地保护装置	施工现场保护中性线的重复接地不应少于三处	措施费
			临边洞口交叉高处作业防护	楼板屋面阳台等临边防护	用密目式安全立网全封闭，作业层另加两边防护栏杆和18cm高的踢脚板	措施费
				预留洞口防护	用木板全封闭；短边超过1.5m长的洞口，除封闭外四周还应设有防护栏杆	措施费
				楼梯边防护	设1.2m高的定型化、工具化、标准化的防护栏杆；18cm高的踢脚板	措施费
				垂直方向交叉作业防护	设置防护隔离棚或其他设施	措施费
				高空作业防护	有悬挂安全带的悬索或其他设施；有操作平台；有上下的梯子或其他形式的通道	措施费
			机械设备防护	坑、卸料平台防护	设1.2m高标准化的防护栏杆，用密目式安全立网全封闭，悬挂标识	措施费
				安全防护用品	安全帽、安全带，特种作业人员（电工、混凝土工、焊工等）防护服装、用品等	措施费
				中小型机械防护	设防护棚（同通道口防护并有防雨措施）、操作平台等	措施费

续表

序号	项目	使用类型	设备/设施/器材等		具体情况说明	范围
10	外包工程项目文明施工安全措施支出	外包工程安全施工	机械设备防护	垂直运输设备防护	（1）垂直运输设备检测、检验。 （2）物料提升机、施工电梯等卸料平台搭设、两侧用密目式安全立网全封闭安全防护门、防护棚等	措施费
		外包建设工程其他（由各地自定）	专家论证审查		危险性较大工程专家论证审查	措施费
			应急救援预案		救援器材准备及演练等	措施费
			非正常情况施工		其他特殊情况产生的防护费用，如：城市主干道、人流密集、河边等处施工及文物、古建筑、古树保护等	措施费
		其他				
11	其他与安全生产直接相关的支出	安全奖励的费用	奖励承包人的安全奖励费用		合同中规定	奖励
		特殊气候作业保护	取暖防寒		采购防寒保温物资，满足冬季防寒要求	采购、更换、维护
			防暑降温		防暑降温饮用品、药品等	采购、更换
		其他				

10 应 急 管 理

10.1 应急管理体系及组织机构

（1）热力管网运营项目应建立应急管理工作制度，对应急预案的编制、评估、修订、评审、备案及应急管理相关工作作出明确规定。

（2）热力管网运营项目应成立应急管理委员会及专项应急工作领导小组，研究决定项目重大应急决策和部署，指挥项目突发事件应急处置工作。应急管理委员会主任宜由建设单位项目主要负责人担任。

（3）建设单位应根据实际情况组织成立专职/兼职应急救援队伍或与附近具备相应能力的专业救援队伍签订应急救援协议。

（4）工程开工前，建设单位应组织建立项目应急预案体系，针对自然灾害、事故灾难、公共卫生和社会安全事件等各类突发事件编制应急预案。

（5）应急预案编制前，建设单位应成立预案编制工作小组，组织进行突发事件风险评估和应急资源调查。应急预案编制及内容应符合 GB/T 29639—2020《生产经营单位生产安全事故应急预案编制导则》《突发事件应急预案管理办法》（国办发〔2013〕101 号）、AQ/T 9007—2019《生产安全事故应急演练基本规范》等相关规定。

（6）应急预案体系应由综合应急预案、专项应急预案和现场处置方案组成，三类预案内容要相互衔接、各有侧重。其中，热力管网运营项目综合应急预案和专项应急预案可参考表 10-1 编制，现场处置方案应由施工单位根据工作内容与风险类别组织制定。

（7）热力管网运营项目应在编制应急预案的基础上，针对工作场所、岗位特点，编制简明、实用、有效的应急处置卡。

（8）热力管网运营项目应定期测试和演练应急响应能力，组织制定应急预案演练计划，明确演练形式、内容、频次、日程、经费等，并按计划组织开展多种形式、节约高效的应急预案演练。

（9）应急预案演练方式和内容要具有一定覆盖面，注重开展实战演练和“双盲”演练；演练频次、记录、评估、总结等工作必须满足现场管理需求和集团公司相关工作规定。

表 10-1　　热力管网运营项目应急预案体系

应急预案层级	主要内容	应急预案	备注
综合应急预案	综合应急预案是应急预案体系的总纲，应当从总体上阐述处理突发事件的应急方针、政策，应急组织机构及相关应急职责，应急行动、措施和保障等基本要求和程序，是应对各类突发事件的综合性文件	热力管网运营项目综合应急预案	

续表

应急预案层级	主要内容	应急预案	备注
专项应急预案	专项应急预案是针对具体的突发事件类别、危险源和应急保障而制定的方案，按照综合应急预案的程序和要求组织制定；专项应急预案应当制定明确的救援程序和具体的救援措施	事故灾难方面： （1）人身伤亡事故专项应急预案。 （2）垮（坍）塌事故专项应急预案。 （3）火灾、爆炸事故专项应急预案。 （4）触电事故专项应急预案。 （5）机械设备突发事件专项应急预案。 （6）交通事故应急预案。 （7）环境污染事件专项应急预案	结合项目所在地环境及事故风险制定
		自然灾害方面： （1）重大自然灾害专项应急预案。 （2）高温中暑应急预案	
		公共卫生方面： （1）食物中毒专项应急预案。 （2）急性传染疾病专项应急预案	
		社会安全方面： 群体性突发事件应急预案	
现场处置方案	现场处置方案是针对具体的装置、场所或者设施、岗位发生的突发事件所制定的应急处置措施；现场处置方案应当根据风险评估及危险性控制措施逐一编制，做到具体、简单、针对性强；操作现场、项目施工现场处置方案要赋予现场带班人员、班组长和调度人员在遇到险情时，第一时间下达停产撤人命令的直接决策权和指挥权	（1）高处坠落伤亡现场处置方案。 （2）机械设备伤亡现场处置方案。 （3）触电伤亡现场处置方案。 （4）火灾（爆炸）现场处置方案。 （5）毒蛇（野生动物）咬伤现场处置方案。 （6）起重作业事故现场处置方案	结合项目所在地环境及事故风险制定

（10）热力管网运营项目应将应急体系建设所需资金纳入年度资金预算，保证项目应急管理、物资储备、抢险救灾、恢复重建等所需资金投入。

10.2 应急物资

（1）热力管网运营项目应建立健全应急物资储备、供应保障制度，完善应急物资储备的区域联动机制，做到应急物资储备到位、调运顺畅、资源共享、动态管理。

（2）热力管网运营项目应按照综合应急预案以及各专项应急预案要求配置所需应急物资，具体配置表应在响应应急预案中详细说明；同时，责任单位应定期进行检查和维护并确保其完好可靠，具体要求如下：

1）必须明确应急设备、装备、物资配置的具体要求。

2）按要求配置、储备应急物资，明示存放地点和具体数量；应急物资配备至少应满足预定突发事件一次救援行动所需物资数量的2倍，具体可参照表10-2所列物资进行配备。

表10-2　　热力管网运营项目应急物资、装备

序号	物资材料名称	主要用途	序号	物资材料名称	主要用途
1	车辆	运送人员或应急物资	12	水龙带	防汛应急
2	干粉/二氧化碳灭火器	固体、液体、气体、金属及电气、厨房火灾等	13	沙袋	防汛应急
3	风力灭火器	草原、森林火灾	14	防雨布	防汛应急
4	对讲机	应急通信	15	应急灯	应急照明
5	卫星通信设备	应急通信	16	手电筒	应急照明
6	应急药箱	外伤包扎、急救	17	雨衣/雨鞋	应急防汛
7	正压式呼吸器	缺氧环境条件	18	警戒带	应急隔离
8	发电机	应急电源	19	口罩	防尘、防疫
9	电源线	应急电源使用	20	缆风绳	防风应急
10	担架	运送伤员	21	铁锹	防汛应急
11	潜水泵	防汛应急			

注　应急药箱中至少应该配备防水创可贴、酒精棉片、医用酒精、碘伏、绷带、医用胶带、烫伤膏、三角巾、无菌纱布、止血带、医用剪刀、消毒喷雾、医用镊子、医用乳胶手套、应急手电筒、急救毯，存在毒蛇咬伤风险的地区还应配置防蛇毒喷雾和解毒药品等。

3）应急物资至少每月检查、保养维护一次，并做好登记，发现应急物资损坏、破损以及功能达不到要求的，要及时进行更换，确保应急物资种类、数量满足应急救灾需要。

4）应急物资应由各参建单位应急管理机构统一调配使用，任何单位或个人未经同意不得挪用。应急物资损坏、过期的，应急管理人员应提出补充意见，报应急管理机构及时更新、补充。

（3）应急物资应定点存放、专人管理，并建立应急物资管理台账，内容应包括（但不限于）：

1）热力管网运营项目的应急装备物资种类、名称、数量。

2）联防区域应急装备的物资种类、名称、数量。

3）热力管网运营项目周边可利用的社会应急装备物资种类、名称、数量。

（4）热力管网运营项目的施工现场、办公室等工作场所应根据项目所处位置及环境设置急救箱，配备应急药品。

（5）在总平面规划中应考虑应急集合点设置；应急集合点设置宜选择交通便利的地点，并在集合点醒目位置设应急集合点标牌，应急集合点周边禁止堆放任何物体。

10.3　应急处置及救援

（1）热力管网运营项目应明确突发事件分级标准及相应程序，现场作业人员应掌握现场应急响应程序。

（2）突发事件发生后，要立即启动相应级别应急预案，采取应急救援措施，防止事故扩大，努力减少人员伤亡、财产损失、环境破坏和社会影响。

（3）突发事件发生后，应自下而上逐级汇报事件信息，并按规定向当地政府及有关部门报告；情况紧急时，可越级上报，特别紧急情况下要先电话报告，之后迅速补报书面材料，书面材料必须由主要负责人签发。

（4）突发事件危险和危害得到控制或消除后，热力管网运营项目应按照相关要求解除应急状态，开展或协助开展突发事件调查处理，查明经过、原因，总结经验教训，制定改进措施和恢复方案，尽快恢复正常生产、生活和社会秩序。

11 事故事件管理

11.1 事故事件报告

（1）建设工程项目应建立事故事件报告制度，明确事故事件报告的责任人、时限、方式、内容等，指导项目建设管理人员严格按照有关规定程序报告发生的生产安全事故事件。

（2）事故报告应当及时、准确、完整，任何单位和个人不得迟报、漏报、谎报或者瞒报。发生迟报、漏报、谎报和瞒报的认定情形见《国家电力投资集团有限公司生产安全事故报告和调查管理办法》《国家电力投河南公司安全事件和信息报送管理制度》相关规定。

（3）事故报告内容应包括以下几项：事故发生单位概况；事故发生的时间、地点以及事故现场情况；事故的简要经过；事故已经造成或者可能造成的伤亡人数（包括下落不明的人数）和初步估计的直接经济损失；已经采取的措施；其他应当报告的情况。

（4）事故发生后，建设单位项目负责人应根据事故基本情况初步判断事故类型和级别，立即用电话、传真或邮件等方式逐级上报业主单位和公司安全监督部门，且每级时间间隔不得超过1h。发生一般及以上生产安全事故的，建设单位项目负责人应于1h内向事故发生地县级以上人民政府安全生产监督管理部门和负有安全生产监督管理职责的有关部门报告。

（5）情况紧急时，事故现场有关人员可以直接向事故发生地县级以上人民政府安全生产监督管理部门和负有安全生产监督管理职责的有关部门报告。

（6）事故报告分为初步报告、跟踪报告和调查报告（事件分析报告）三个程序，具体内容及要求执行《国家电力投河南公司安全事件和信息报送管理制度》相关规定。

（7）自事故发生之日起30日内，事故造成的伤亡人数发生变化的或道路交通事故、火灾事故自发生之日起7日内，事故造成的伤亡人数发生变化的，应及时向原报告单位进行补报。

11.2 事故事件调查处理

（1）建设工程项目应建立事故事件调查处理制度，积极配合各级人民政府、监管机构及上级单位组织的事故事件调查，并组织开展内部事故调查分析。

（2）事故发生后经初步判断不能认定为非生产安全事故的，应按事故事件调查处理程序开展查处工作；属于非生产安全事故的，按有关程序进行事故处置。

（3）事故发生后，建设工程项目应立即启动应急预案，迅速抢救伤员和进行事故处理，并派专人严格保护事故现场；未经调查和记录的事故现场，不得任意变动。

（4）事故发生后，项目主要负责人及有关人员在事故调查期间不得擅离职守，并应随时接受事故调查组的询问，如实告知相关情况。

（5）环境污染事故、质量事故、文物保护事件的报告和调查处理可参照生产安全事故事件调查处理规定执行，有关法律、行政法规另有规定的，适用其规定。

12 验收、试运行安全管理

12.1 验 收 管 理

12.1.1 验收基本要求

（1）热力工程建设项目应通过工程竣工、工程试运行、工程移交生产三个阶段全面检查验收。

（2）在热力工程项目建设过程中，各施工阶段应进行自检、互检和专业检查，对关键工序及隐蔽工程的每道工序应进行检验和记录。

（3）热力工程项目建设的三个阶段验收，必须以批准文件、设计图纸、设备合同及国家颁发的有关热力行业建设的法规、标准和规范等为依据。

（4）未经建设单位验收合格的供热管网、换热机组及配套设施，不得并网。

（5）工程竣工验收时，应组建工程竣工验收小组；工程整体试运行验收前，应组建工程整体试运行验收小组；移交生产验收时，应组建工程移交生产验收小组。

（6）单位工程分类；结构防水效果；管道、补偿器和其他管路附件；支架；焊接；防腐和保温；爬梯和平台；供热设备、电气和自控设备；隔振和降噪设施；标准和非标准设备等。验收执行《城镇供热管网工程工程施工及验收规范》中应具备的条件、应检查项目相关条款；工程完工后，施工单位应向建设单位提出验收申请，工程竣工验收小组及时组织验收；工程完成竣工验收后，建设单位应向项目法人单位报告验收结果，工程合格应按验收规范填写相关表格。

（7）工程移交生产验收执行CJJ28—2014《城镇供热管网工程施工及验收规范》中应具备的条件、检查项目相关条款；在工程移交生产前的准备工作完成后，由工程竣工验收小组召开会议，办理项目正式移交生产交接手续。

12.1.2 现场安全验收

（1）工程施工已全部结束，临时安装、设置的安全措施已全部恢复。

（2）正式设立的安全防护设施、安全标识标牌、设备标牌、安全告知图牌等均已规范完善。

（3）所有楼梯、栏杆、平台已装设完整，井坑孔洞的盖板已可靠固定，卡扣安装齐备，不存在移动塌落的隐患。

（4）各区域消防设施、消防报警系统、灭火装置良好备用、试用正常、无缺失失效等现象，自动控制系统试验正常；重点防火部位有明显警示标识，并建立岗位防火责任制；消防通道、紧急疏散通道畅通，并设置警示标识；各区域防汛物资配备充足无缺失。

（5）控制室、配电室等建构筑物、室外电气设备完好无缺陷；电气设备接线紧固、接地装置全部连接牢固；电气盘柜、电缆孔洞、沟道覆盖严密无进水可能，防火封堵严密。

（6）控制室、配电室区域避雷设施、通信系统、应急照明系统、紧急疏散指示等均已规范投入，警示灯、事故喇叭等正常无缺陷。

（7）各电气设备绝缘遥测良好，送电正常；隔离开关等电气设备无故障及放电痕迹；五防装置［防止误分、合断路器，防止带负荷分闸、合闸隔离开关，防止带电挂（合）接地线（接地开关），防止带接地线（接地开关）合断路器，防止误入带电间隔］可靠投入；电源回路、控制回路、测量装置接线整齐、紧固，试验合格。

（8）各表计装设完整，表盘指示清晰，表计校验正常且校验标识张贴规范；测点安装牢固，无断线、松动和接触不良等，所有电气保护投入正确，传动试验合格。

（9）转动机械的防护罩应安装牢固，转动机械应无影响旋转的卡涩现象，转向指示正确；事故按钮可靠备用，防水罩壳完好。

（10）安全设备和自动控制系统安装调试正常并经专业检测机构检测合格。

（11）地埋管道、电缆上部设置的警告地桩完善，无破坏痕迹。

（12）换热机组各部件外观良好，检查无异常。

（13）换热机组等设备基础无变形，外观正常；电气、自控箱、柜均已上锁，区域安全隔离防护设施完整，并悬挂禁止警告标识。

（14）工程建设现场已清理干净，无基建遗留废弃物，工器具、材料备件、脚手架、临时电缆线等可能影响机组启动的物品均已清除撤场。

（15）投入生产所需的安全工器具、仪器仪表等配置到位。

12.1.3　安全管理资料验收

（1）安全质量环保管理体系、制度、岗位职责及操作规程等安全管理类文件审批及实施情况。

（2）生产运行应急预案、现场处置方案编审批及发布、备案情况；应急能力评估建设开展情况。

（3）建设及生产运行期间人力资源配置，各类安全培训教育及人员资格取证，工作票“三种人”（工作票签发人、工作许可人和工作负责人）培训考试及资格认定发布文件。

（4）工程建设过程中产生的装置性违章、设备缺陷等治理完成情况及验收结果报告等。

（5）列入工程建设的安全技术和劳动保护措施、反事故技术措施、环境保护措施项目的完成情况。

（6）工程建设施工作业安全风险分析及措施执行情况的完成与闭环。

（7）工程施工方案、四措两案的执行、分析总结与闭环。

（8）生产准备工作大纲的实施，过程资料的归档。

（9）设备试运行、移交生产验收工作准备情况。

（10）涉及“三同时”验收，属地行业管理部门备案情况。

（11）各类安全管理报表及台账建立情况。

（12）建设工程项目安全技术资料的移交、归档情况。

12.2 试运行管理

12.2.1 试运行基本条件

（1）建设工程项目建设已完成，准备开始试运行前1个月，应成立试运行指挥部。

（2）试运行指挥部在试运行前召开首次会议，审议试运行各项条件和方案，决定试运行时间和其他相关事宜；试运行过程中如遇试运行指挥部不能做出决定的重大事宜，由试运行总指挥组织召开临时会议；试运行完成后召开末次会，审议试运行情况和移交生产条件，协调工程未完事项，决定工程整体移交生产后的有关事宜并主持办理交接签字手续。

（3）各项措施编制完整、准确、规范，审批手续完备；技术方案和安全技术措施已经经过试运行总指挥批准，并报公司生产技术部门备案。

（4）电气和自动控制系统调试报告应齐全完整、内容及数据完善。

（5）运行和检修维护人员已经配备齐全，已经培训、考试合格，具备持证上岗条件。

（6）运行操作所需的备品、备件及安全工器具、仪器、仪表、防护用品等均已备齐，有相关资质的机构检测合格。

（7）试运行前，应成立试运行工作组，明确人员组成和职责、分工，提前做好培训和安全技术交底，确保参与人员熟知试运行技术方案和安全技术措施。

（8）试运行工作组应保证参加试运行的操作人员配置合理、充足，试运行所用工器具准备到位，人员劳动防护用品齐全完整。

（9）各项安全制度、生产管理制度、应急预案等均已编制完成并发布；设备运行维护规程、工作票和操作票、系统图册、反事故措施等均已编制完成并已印发。

（10）设备名称和编号已完成，标识准确、齐全，安全警示牌齐全。

（11）设备投运前保护装置投入率100%，动作可靠；自动控制装置投入率100%，动作可靠；监测表计、变送器投入率100%，指示正确；调试报告齐全、规范，结论明确。

（12）计划投运和正在施工中设备、系统隔离措施已制定，并按规定审批完毕；现场照明齐全照度充足，事故照明、应急疏散指示完好；警示灯、事故喇叭等正常无缺陷。

（13）消防系统已按设计施工完毕，消火栓布置合理，阀门开关灵活且严密不渗漏，水带、水枪配备齐全、完好；消防器材按规定品种和数量摆放齐备；经验收合格。

（14）相关运行日志、记录表单、操作票、工作票和设备缺陷等各类台账已准备完毕。

12.2.2 试运行操作

（1）试运行应在单位工程验收合格，热源具备供热条件后进行。

（2）试运行前应编制试运行方案。在环境温度低于5℃时，应制定防冻措施。试运行方案应经相关部门审查同意，并应进行技术交底。

（3）试运行应符合下列规定：

1）设备已规范、正确标识。

2）供热管线工程应与换热站工程联合进行试运行。

3）试运行应有完善可靠的通信系统及安全保障措施。

4）试运行应在设计的参数下运行；试运行的时间应在达到试运行的参数条件下连续运行 72h；试运行应缓慢升温，升温速度不得大于 10℃/h，在低温试运行期间，应对管道、设备进行全面检查，支架的工作状况应做重点检查；在低温试运行正常以后，方可缓慢升温至试运行温度下运行。

5）在试运行期间管道法兰、阀门、补偿器及仪表等处的螺栓应进行热拧紧；热拧紧时的运行压力应降低至 0.3MPa 以下。

6）试运行期间应观察管道、设备的工作状态，并应运行正常；试运行应完成各项检查，并应做好试运行记录。

7）试运行期间出现不影响整体试运行安全的问题，可待试运行结束后处理；当出现需要立即解决的问题时，应先停止试运行，然后进行处理；问题处理完后，应重新进行 72h 试运行。

8）试运行完成后应对运行资料、记录等进行整理，并应存档。

（4）蒸汽管网工程的试运行应带热负荷进行，试运行合格后，可直接转入正常的供热运行。蒸汽管网试运行应符合下列要求：

1）试运行前应进行暖管，暖管合格后方可略开启阀门，缓慢提高蒸汽管的压力；待管道内蒸汽压力和温度达到设计规定的参数后，保持恒温时间不宜少于 1h；试运行期间应对管道、设备、支架及凝结水疏水系统进行全面检查。

2）确认管网各部位符合要求后，应对用户用汽系统进行暖管和各部位的检查，确认合格后，再缓慢地提高供汽压力，供汽参数达到运行参数，即可转入正常运行。

（5）热力站试运行前应符合下列规定：

1）供热管网与热用户系统应已具备试运行条件。

2）热力站内所有系统和设备经验收合格。

3）热力站内的管道和设备的水压试验及冲洗合格

4）制软化水系统经调试合格后，向系统注入软化水。

5）水泵试运转合格，并应符合下列要求：

a）各紧固连接部位不应松动。

b）润滑油的质量、数量应符合设备技术文件的规定。

c）安全、保护装置灵敏、可靠。

d）盘车应灵活、正常。

e）启动前，泵的进口阀门应全开，出口阀门应全关。

f）水泵在启动前应与管网连通，水泵应充满水并排净空气。

g）水泵应在出口阀门关闭的状态下启动，水泵出口阀门前压力表显示的压力应符合水泵的最高扬程，水泵和电机应无异常情况。

h）逐渐开启水泵出口阀门，水泵的工作扬程与设计选定的扬程应接近或相同，水泵和电机应无异常情况。

i）水泵振动应符合设备技术文件的规定；设备文件未规定时，用手提式振动仪测量泵的径向振幅（双向），振幅值不应超过 CJJ 28—2014《城镇供热管网工程工程施工及验收规范》的规定。

6）应组织做好用户试运行准备工作。

7）当换热器为板式换热器时，两侧应同步逐渐升压直至工作压力。

（6）热水管网和热力站试运行应符合下列规定：

1）试运行前应确认关闭管网全部泄水阀门。

2）排气充水，水满后关闭放气阀门。

3）全线水满后应再次逐个进行放气确认管内无气体后，关闭放气阀。

4）试运行开始后，每隔 1h 对补偿器及其他设备和管路附件等进行检查，并做好记录工作。

（7）试运行合格后应填写试运行记录。

（8）试运行完成后应进行工程移交，并应签署工程移交文件。

12.2.3 试运行安全管理

（1）施工单位、试运行单位、监理单位及建设单位的工程管理人员、生产技术管理人员、安全管理人员、安全总监、分管安全生产的副总经理应到场进行监护。

（2）施工人员进入带电区域，开展设备消缺和尾工处理时，应严格执行运行管理要求。

（3）生产运行人员应严格执行两票三制，按调度令做好生产运行，按照规定对运行和备用设备加强巡检，保证设备安全运行。

（4）试运行设备区域应有效隔离；运行设备和试运行设备设有明显隔离点，安全警示装置齐全。

（5）试运行后，由建设单位运行管理部门、生产技术管理部门、工程管理部门、监理单位联合组织验收，及时办理移交生产交接手续，移交生产运行管理。

12.2.4 安全管理规定

（1）工作场所必须设有符合规定照度的照明，在装有水位计、压力表、温度表、各种记录表等的仪表盘、楼梯、通道以及所有靠近机器转动部分和高温表面的地点，必须有充足照明。

（2）生产场所入口醒目位置应装设建筑物标志牌，设备附近醒目位置应装设设备标志牌，生产场所应有逃生线路标示。

（3）应保持所有楼梯、平台、通道、栏杆完整、牢固，并制定定期检查维护制度；踏板及平台表面应防滑；在楼梯的始、终级应有明显的安全警示线。

（4）站房和室内通道应随时保持畅通；门口、通道、楼梯和平台等处，不准放置杂物；电缆及管道不应敷设在经常有人通行的地板上；地面应保持清洁，有泥污、油迹等，必须及时清除，以防滑跌。

（5）工作场所的井、坑、孔、洞或沟道，必须覆以与地面齐平的、坚固的、有限位的盖板；在检修工作中如需将盖板取下，必须设有牢固的临时围栏，并设有明显的警告标志；临时打开的孔、洞，工作结束后必须恢复原状。

（6）所有高出地面、平台 1.5m，需经常操作的阀门，必须设有便于操作、稳固的梯子或操作平台。

（7）所有高温的管道、容器等设备上都应有保温层，保温层应保证完整；当环境温度在 25℃时，保温层表面的温度不宜超过 50℃。

（8）在高温场所工作时，应为工作人员提供足够的饮水、清凉饮料及防暑药品；对温度较高的作业场所必须增加通风设备，应根据现场情况安排间歇作业并做好监护工作。

（9）任何人员进入生产现场，必须戴好安全帽。

（10）所有电气设备的金属外壳均应有良好的接地装置；使用中不准将接地装置拆除或对其进行任何工作。

（11）任何电气设备上的标示牌，除原来放置人员或负责的运行值班人员外，其他人员不准移动。

（12）严禁用湿手去触摸电源开关以及其他电气设备。

（13）遇有电气设备着火时，立即将有关设备的电源切断，然后进行灭火。

（14）需要停电的作业，在一经合闸即送电到作业点的开关操作把手上应挂“禁止合闸，有人工作”警示牌。

12.3 尾工及退场管理

12.3.1 退场管理

（1）建设单位、监理单位确认工程建设现场作业任务完成、相关资料完整并移交，现场清理、设施恢复完毕，项目验收合格后，建设单位同意退场。

（2）检查施工单位退场物资清单无误、确认权属清晰；安全考核执行完毕后，组织退场。

（3）除预留的配合启动消缺、整体启动的试运行验收人员，其余人员退场后如因工作需要再次入场应按规定办理审批手续。

（4）试运行启动正常、投入正式运行，工程移交生产验收完毕，机组设备消缺维护工作由运管单位接管。

（5）工程建设期间更换或剩余的备件、物资、工器具等应及时收回，按规定办理退库、报废等手续，严禁在生产现场长期放置。

12.3.2 资料归档及工作总结

（1）各参建单位对本单位安全技术档案管理工作负总责，工程竣工后应及时完成安全技术档案的整理归档工作。

（2）按照归档管理规定要求，各参建单位档案工作人员应对移交的安全技术档案进行检查验收，合格后办理移交手续。

（3）工程竣工后，各单位应对本工程安全管理工作进行总结，编制项目安全工作总结报告。